환경오염과 복원기술

학술연구총서 70

환경오염과 복원기술

토양·지하수

김동주

고려대학교출판부
KOREA UNIVERSITY PRESS

이 책은 고려대학교출판부가 아남그룹으로부터 학술도서간행연구비 지원을 받아 출판한 것입니다.

머리말

최근 급속한 산업발달에 따른 오염물질의 배출로 인하여 대기, 물, 토양과 같은 자연환경이 유해 독성물질로 오염 훼손되어 그 본래의 모습을 잃어가고 있다. 산업혁명 이후 약 200년 동안 이룩한 괄목할 만한 경제성장으로 문명의 이기는 날로 고도화되고 있지만 야누스의 두 얼굴처럼 다른 한편에서는 새로운 합성 유기 화합물의 방출로 인류 생활권 전 영역이 발암물질들로 가득 차 있어 우리의 건강을 그 어느 때보다 위협하고 있다. 현 세대와 지나간 세대는 그동안 개발 위주의 정책으로 자행한 지구촌 환경오염에 대하여 깊이 반성하고 오염된 자연환경을 회복할 방안을 강구하여야 할 것이다. 훼손된 자연환경을 효율적으로 복원하기 위해서는 환경오염에 관한 정확한 이해가 요구되며 지하환경에서 배출되는 다양한 오염물질의 특성과 각 지하 매질체에서의 이동 및 확산 현상을 파악할 필요가 있다.

이 책은 지난 10여 년간 지하수 및 토양 환경 관련분야 강의를 준비하면서 축적한 자료를 바탕으로 현재 저자가 매학기 강의를 맡고 있는 전공 과목인 〈지하수 환경학〉과 핵심교양 과목인 〈환경오염과 복원기술〉의 주교재로 사용하고자 집필하였다. 환경오염에 관한 배경지식이 전혀 없는 인문계 학생부터 자연계 학생, 환경관련 전공학생, 환경관련 전문 대학원생을 비롯하여 환경오염 및 복원 사업 분야에 종사하고 있는 일반 전문가 및 학계 전문가에게도 도움이 될 수 있도록 토양과 지하수 환경시스템에 있어서 오염물질의 운송 원리와 토양/지하수 복원기법에 관하여 기초지식부터 전문지식까지 두루 총망라하였다.

이 책은 총 다섯 장으로 구성되어 있다. 제1장에서는 지하수와 토양에 관한 기초 배경 이론, 제2장에서는 지하환경에서 문제시되고 있는 주요 오염원의 출처와 오염물질의 종류, 그리고 제3장에서는 원유와 같은 유기오염물질을 호기성 분해물질과 혐기성 분해물질로 구분하여 소개하였다. 제4장에서는 이 책의 가장 핵심 부분인 지질 매체에서의 오염물질 운송방정식을 오염물질의 종류, 확산 형태, 농도 형태, 흡착 기작, 경계조건 등과 관련하여 다양하게 제시하였고, 각각에 대한 해석해와 운송 파라미터의 결정 방법들을 다루었다. 또한 최근 각광을 받고 있는 TDR(시간영역광전자파 분석기)의 기본개념과 작동원리 및 검정 방법 등을 최근 연구결과에 근거하여 자세히 소개하였을 뿐만 아니라, 미생물을 이용한 오염물질 처리(생분해) 기법에 관한 기본 개념 및 생분해 역학, 모델링 등에 관해서도 세밀하게 기술하였다. 제5장에서는 오염된 지하수와 토양의 복원기술을 물리적·화학적·생물학적 방법으로 구별하고 각 방법별 구체적 기법들을 소개하였다.

마지막으로 이 책의 출간을 가능하도록 배려해 준 고려대학교출판부에 감사드린다. 또한 이 책을 준비하는 데 공저자 이상으로 큰 힘이 되어 준 서울대학교 수환경복원공학연구실 김성배 교수와 원고 집필 처음부터 탈고까지 수고를 아끼지 않은 고려대학교 지구환경과학과 환경지질연구실 최낙철 박사, 최재우(박사과정수료), 이순재, 정승건, 김은미, 양기석 연구원들에게 깊이 감사드린다.

정해년 여름 안암골에서
김 동 주

차례

제 1 장 지하수와 토양

1.1. 지하수

1.1.1 수문학적 순환

물의 수문학적 순환은 대기와 육지 및 해양을 끊임없이 순환하므로 한마디로 "시작과 끝이 없는 과정"이나 그림 1.1.1에서 보는 바와 같이 지구상에 존재하는 대부분의 물이 해양에 있으므로 해양을 편의상 그 출발점으로 본다.

|그림 1.1.1| 지구상의 수자원 분포

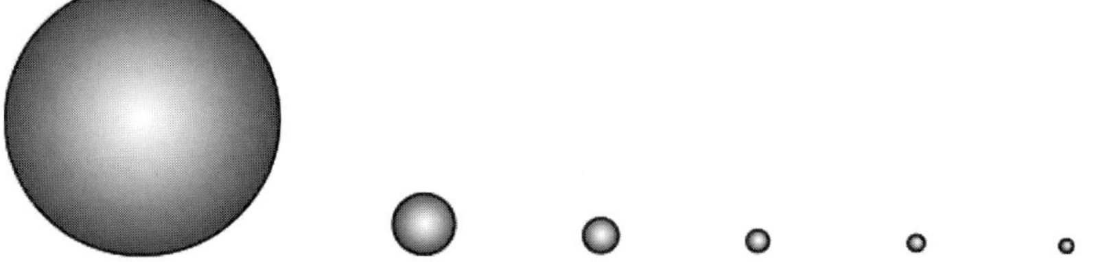

물 순환(그림 1.1.2)의 첫 번째 과정은 해양 표면으로부터의 증발(evaporation)이다. 증발은 기체 상태로 넘겨지는 물분자가 액체로 합류하는 물분자의 수보다 클 때 발생한다. 또한 증발과 동시에 나무의 엽면을 통해서 증산(transpiration) 작용도 발생한다. 증산과 증발을 총칭하여 증발산(evapotranspiration)이라 하며 이들은 태양복사 에너지에 의해서 발생하며 증발산된 수증기는 기상현상에 의해서 대기 중으로 이동하게 되고, 기상조건에 따라 수증기는 응축하여 물방울을

형성한다. 이러한 물방울은 해양이나 육지에 강하하게 된다.

|그림 1.1.2| 물의 수문학적 순환 과정(adapted from Miller, 1998)

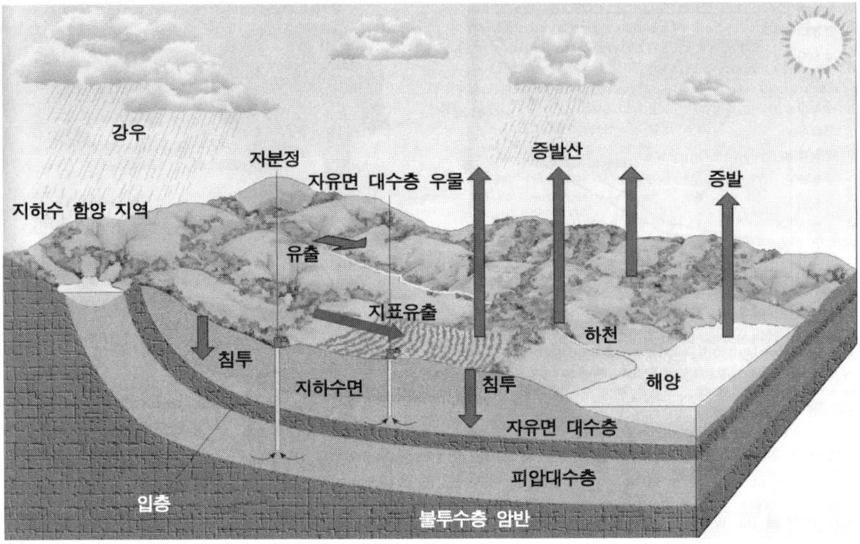

육지표면에 강하하는 **강우**(precipitation)는 다양한 수문학적 순환과정의 통로에 진입하게 된다. 강우의 일부분은 웅덩이와 같은 지표면에 일시적으로 저장될 수 있는데 이를 **지표저류**(depression storage)라 한다. 또 다른 일부분은 지표를 가로질러 하천수로로 배수하게 되며 이를 지표유출(overland flow)이라 한다. 지표유출에 앞서 지표면 토양이 다공성 매질체로 되어 있으므로 강우의 일부분은 지하로 스며들게 되며 이를 **침투**(infiltration)라 한다. 지표하 토양에는 공기와 물을 함유하고 있는 공극이 있으며 이러한 영역을 **통기대**(zone of aeration; vadose zone)라고 하며 통기대에 저장되어 있는 물을 **토양수분**(soil moisture)이라 한다. 지표하에 침투한 수분이 중력에 의하여 **포화대**(zone of saturation)의 상부인 **지하수면**(water table)에 도달하는 것을 **침루**(percolation)라 한다. 그리고 포화대에 저장되어 있는 물을 **지하수**(groundwater)라고 한다. 한편, 하천수는 지표유출과 하상바닥으로 스며드는 지하수로 구성되며, 하천유량에 기여하는 지하수 부분을 **기저유출**(baseflow)이라 하며 하천의 전체 유량을 **유출**(runoff)이라 한다. 그리고 연못, 호수, 강, 하천에 있는 물을 육지수(surface water)라 한다. 하천의 유출량은 마침내 해양으로

유입되며, 다시 해양으로부터 증발이 발생되어 물의 수문학적 순환이 시작된다. 수문학적 순환의 여섯 가지 중요한 인자는 1) **증발산**(evapotranspiration), 2) **강우**(precipitation), 3) **침투**(infiltration), 4) **지표유출**(overland flow), 5) **기저유출**(baseflow), 6) **유출**(runoff) 등이다.

1.1.2. 대수층의 종류

대수층(aquifer)은 물을 저장하고 전달한다. "aquifer"란 단어는 라틴어의 "aqua" 즉 water라는 단어에서 유래되었고, 'ferre'는 bring 혹은 transfer의 뜻을 내포하고 있어 우물이나 샘에 상당한 양의 물을 방출하기에 충분한 투수성 매질체의 지질학적 형성으로 정의된다. 대수층이 될 수 있는 매질체로는 모래나 자갈, 사암, 석회암, 현무암, 열극암반 등이 있으며, 투수계수가 10^{-5}cm/s(10^{-2}darcy) 이상이 되어야 한다. 대조적으로 **압층**(confining layer)은 투수계수가 10^{-2}darcy 이하인 지층으로 지하수의 이동은 가능하나 이동속도가 매우 늦다. 이러한 압층은 **지연대수층**(aquitard), **난대수층**(aquiclude), **불대수층**(aquifuge) 등으로 세분된다. 지연대수층은 물을 저장할 수 있으나 천천히 전달하는 낮은 투수지층이며, 불투수층은 물을 전혀 전달하지 못하는 불투수 지층이다.

|그림 1.1.3| 자유면 대수층 모식도

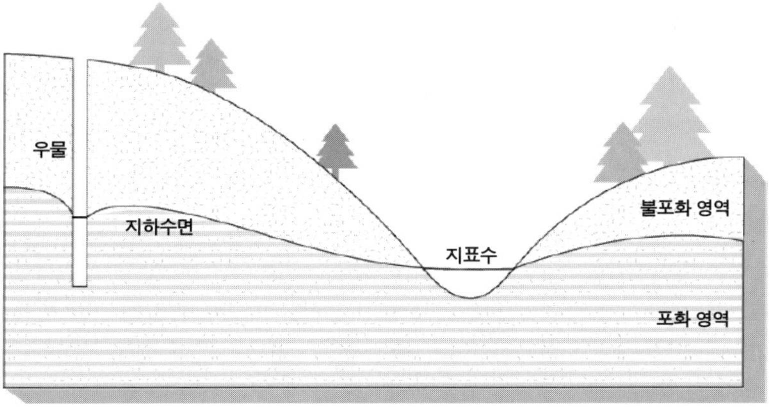

지표면 가까이에 있으면서 높은 투수지층으로 구성된 매질체가 지표면에서 대

수층하부까지 뻗쳐 있는 대수층을 **자유면 대수층**(unconfined aquifer) 혹은 지하수면 대수층(water-table aquifer)이라고 한다. 이러한 대수층에의 **지하수 함양**(recharge)은 불포화대(unsaturated zone)로부터의 침루로 이루어진다(그림 1.1.3). 압층아래에 위치하고 있는 대수층을 **피압 대수층**(confined aquifer) 혹은 아르티잔(artesian) 대수층이라 한다. 이러한 대수층에의 지하수 함양은 대수층이 지표로 연결되는 상류 보충수지역이나 **누수압층**(leaky confining layer)을 통해서 이루어진다. 만약 피압 대수층에 케이싱이 된 우물을 설치한다면 지하수는 대수층 상부 한계 위로 상승할 수도 있으며(그림 1.1.4), 이 경우 대수층내의 지하수는 압력하에 있다는 것을 알 수 있다. 케이싱 우물 내에 상승된 수면을 연결한 선을 **지하수 에너지 선**[1](potentiometric surface)이라 한다.

|그림 1.1.4| 에너지 선에 따른 다양한 종류의 우물

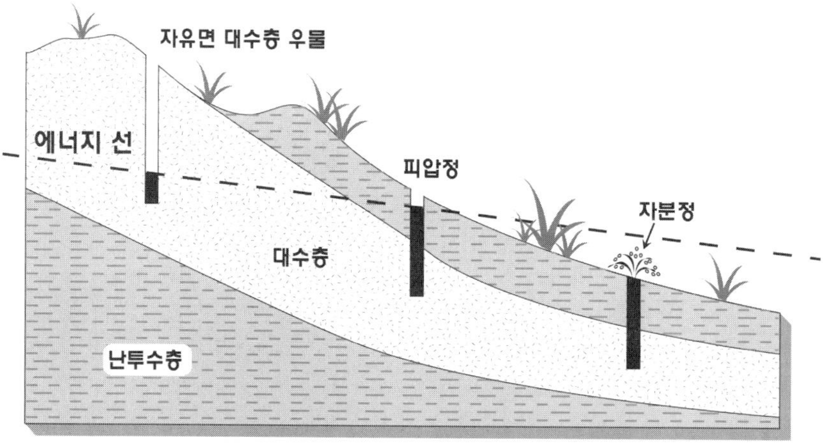

만약 에너지 선이 지표위에 존재하게 된다면 **자분정**(flowing artesian well)이 되며 양수기(pump)없이 채수가 가능하게 된다. 때때로 불투수성 매질체가 투수성 매질체 한가운데 렌즈형대로 존재하여 침투수가 불포화대 하부로 이동이 차단되어 렌즈 상부에 축적하게 된다. 이렇게 주 지하수면 상부에 형성되는 포화

1) 혹자는 "지하수면"이라고 번역하고 있으나 지하수 물분자가 가지고 있는 potential energy 즉 darcy 수두, (위치에너지 + 압력에너지)를 연결한 선이므로 지하수 에너지 선이라 표현하는 것이 타당하다고 생각됨.

층을 **부유대수층**(perched aquifer)이라 한다(그림 1.1.5). 이러한 부유대수층의 예는 우리 주변에서 흔히 볼 수 있는데 호수가 그 한 형태이다. 만약 호수 밑바닥 면이 점토렌즈로 형성되어 있지 않고 사질토와 같은 투수성 매질체로 구성되어 있다면, 지하로의 침투가 원활하게 일어나게 되며 호수가 형성되지 않을 것이다.

|그림 1.1.5| 자유면 대수층에서의 주 지하수면과 부유 지하수면

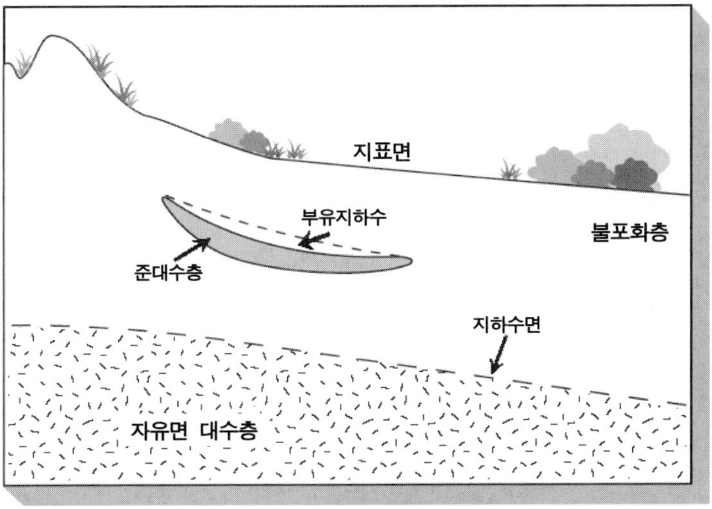

1.1.3. 대수층의 성질

대수층이 되기 위해서는 대수층 매질체가 적당한 양의 공극(pore space or void), 산출률(specific yield), 투수성(permeability)을 지니고 있어야 하는데 이러한 특성의 지표를 공극률(porosity), 산출률, 수리전도도(hydraulic conductivity)라 한다.

1.1.3.1. 공극률

지질매체의 **공극률**은 암석이나 토양이 가지고 있는 전체체적에 대한 공극체적의 퍼센트 비율이다.

$$n = \frac{V_V}{V} \times 100 \qquad (1)$$

여기서, n은 공극률(%), V_V는 지질매체 공극의 체적(cm^3), V는 지질매체 전체의 체적(cm^3)이다.

|그림 1.1.6| (A) 자연 상태에서의 토양 3상, (B) 토양 3상의 도식적 구분

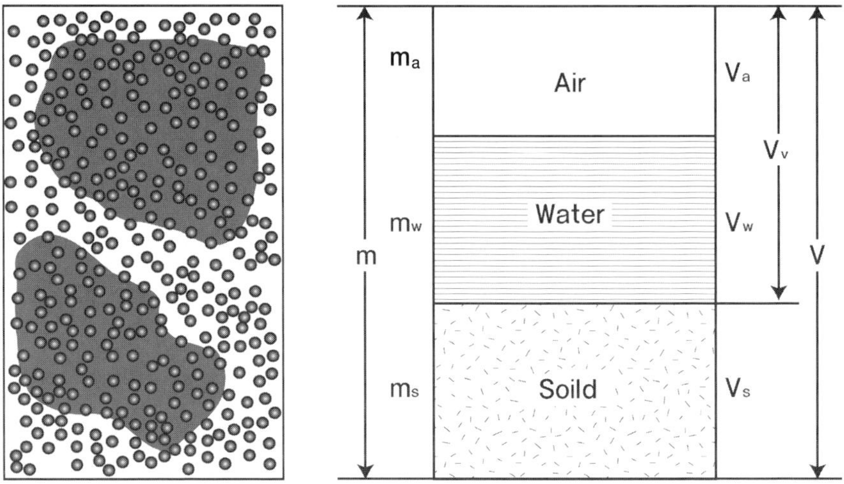

(A) (B)

공극률은 또한 진비중(ρ_s)과 가비중 혹은 건조밀도(ρ_b)로부터 산정될 수 있다.

$$n = (1 - \frac{\rho_b}{\rho_s}) \times 100 \qquad (2)$$

여기서 진비중은 (건조)토양입자 체적에 대한 건조 질량(g/cm^3)이고, 가비중 혹은 건조밀도는 토양이나 암석시료의 전체 체적(물+공기+입사)에 대한 건조 질량의 비이다.

일반적으로 지질매체의 공극률은 토양입자를 구(sphere)로 가정하였을 때 packing방법에 따라 다르다. 예를 들면, cubic packing의 경우 공극률은 47.65%,

rhombohedral packing은 25.95%의 공극률을 가진다(그림 1.1.7). 이러한 두 가지 형태의 배열모양은 양극단적인 공극률을 보여 주고 있으며, 구의 직경은 공극률에 영향을 주지 않는다. 따라서 하나의 정방형 공간에 볼링 공으로 cubic packing한 경우의 공극률이나 직경 1mm 베어링 볼로 cubic packing한 경우의 공극률은 같게 된다. 일반적으로 일정한 크기로 분급된 둥근 모양의 퇴적물의 공극률은 크기에 관계없으며, 배열방식에 따라 약 26－48%의 공극률 범위에 놓이게 된다(표 1.1.1).

|그림 1.1.7| 다양한 형태의 배열에 따른 공극률

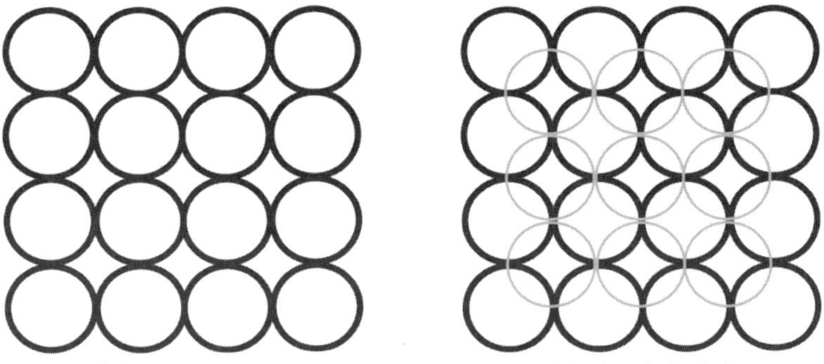

(A) simple cubic　　(B) rhombohedral

〈표 1.1.1〉 Packing방식에 따른 공극률의 변화

Packing의 종류	배위수	층간격	단위격자 부피	밀도	공극률 (%)
Simple cubic	6	2R	$8R^3$	$\pi/6$ (0.5236)	47.64
Rhombohedral	12	$2R\sqrt{2}/3$	$4\sqrt{2}R^3$	$\pi/3\sqrt{2}$	25.95

한편 토양이 다양한 입자의 크기를 가진 혼합물로 구성이 되어 있으면, 공극률은 감소하게 되는데 작은 입자가 큰 입자 사이의 공극을 메우기 때문이다(그림 1.1.8). 일반적으로 혼합물의 입경크기 범위가 넓을수록 공극률은 감소하게 된다.

|그림 1.1.8| 동일 입경으로 구성된 매질체의 공극 (A)과 다양한 입경으로 구성된 매질체의 공극 (B)

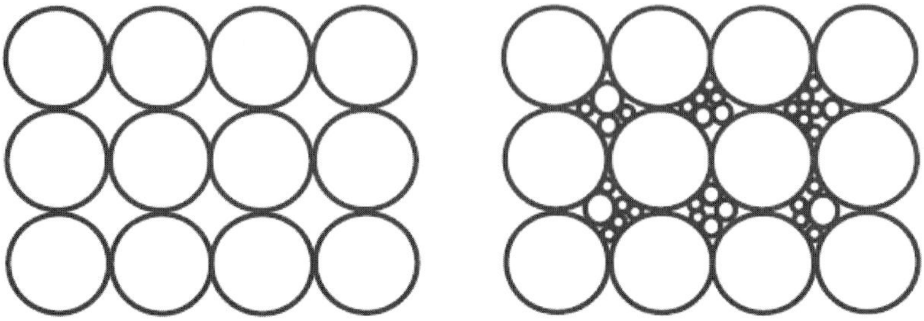

(A) (B)

토양시료의 입경분포(grain-size distribution)는 편의상 반대수용지에 표현된다. 통과 누가 중량이 산술(Y)축, 입경이 대수(X)축에 놓인다. 그림 1.1.9에 분급이 양호한 세사(well-sorted fine sand, 그림 1.1.9A)와 분급이 저조한(poorly sorted) 조립사질토(그림 1.1.9B)의 입경분포곡선이 예시되어 있다.

|그림 1.1.9| 토양입경분포곡선; (A) 분급 양호, (B) 분급 불량

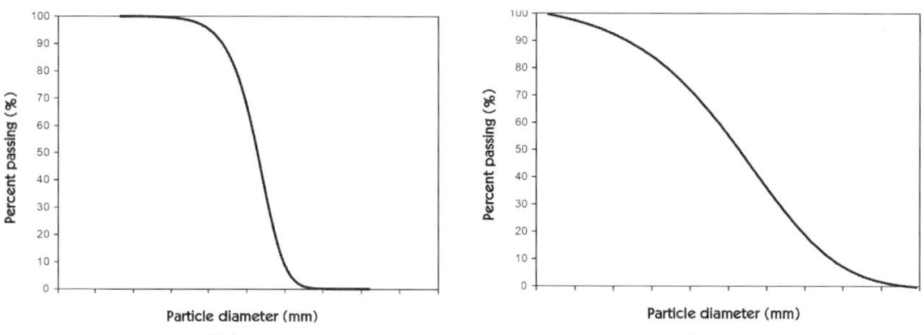

(A) (B)

조립사질토의 경우 다양한 입경이 거의 균질하게 잘 분포되어 있으므로 공극률이 낮게 나타나며, 반면 세사의 경우 대부분의 입자가 좁은 범위의 입경에 치우쳐 있어 거의 동일 크기의 입자로 구성되어 있으므로 공극률이 높게 나타난다.

1.1.3.2. 비산출률 (specific yield)

비산출률(S_y)은 지질매체 전체 체적에 대한 포화상태에서 중력에 의해 배수되는 체적의 비이다(그림 1.1.10). 토양이나 암석의 **비보유율**(S_r: specific retention)은 전체 체적에 대한 중력배수에 저항하여 표면장력에 의하여 매질체 표면에 부착되어 남아 있는 수분 체적의 비이다. 이 두 성분의 합은 공극률(n)과 같다.

$$n = S_y + S_r \tag{3}$$

비보유율은 입경이 작을수록 증가하게 되며, 점토는 50%의 공극률에 약 48%의 비보유율을 가지고 있다.

|그림 1.1.10| 중력배수전 (A)의 포화매질체와 중력배수후 (B)의 매질체

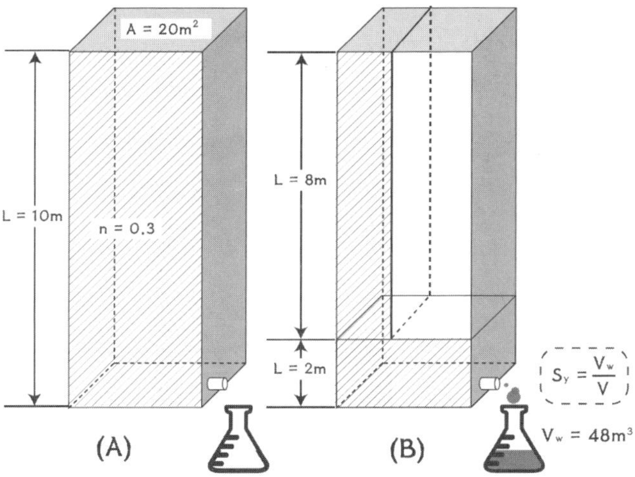

최대 비산출률은 중간 입경범위(0.5－1.0mm)에서 나타나며 세사(fine sand)에서 조력사(gravelly sand)가 약 35%의 비산출률을 가진다. 이러한 비산출률은 자유면 대수층에서의 지하수 흐름에 지대한 영향을 미치며 다음에 설명하는 수리전도도와 함께 지하수 유동 지배방정식을 구성하는 중요한 수리지질 파라미터이다.

1.1.3.3. 수리전도도 (hydraulic conductivity)

지표상에 있는 대부분의 지질매체는 약간의 공극을 함유하고 있으며, 대부분의 경우 이들 공극은 어느 정도 연결되어 있다. 상호 연결되어 있는 공극을 따라 토양수분이나 지하수는 순환된다. **수리전도도**는 암석이나 토양과 같은 지질매체가 물을 전달할 수 있는 능력이다. 19세기 중엽에 Henry Darcy가 처음으로 다공성 매질체내에 물의 이동에 관한 체계적인 연구를 시도하였다. 사질토양을 이용한 투수성 실험에서 유량이 수위차에 비례하고 유로장의 길이에 반비례한다는 사실을 발견하였다. 또한 유량이 어떠한 상수(K)에 비례하며, 이는 다공성 매질체의 성질에 의존한다는 사실도 발견하였다. 그림 1.1.11에 사질토양으로 가득 채워진 수평관이 있으며, 물은 압력하에 A지점에 공급되고 B지점에서 방류된다. 그리고 각각 A, B지점에 피에조미터 관이 설치되어 압력이 표시된다.

|그림 1.1.11| 1차원(x방향) 다공성 매질체에서의 거리에 따른 수두차 모식도

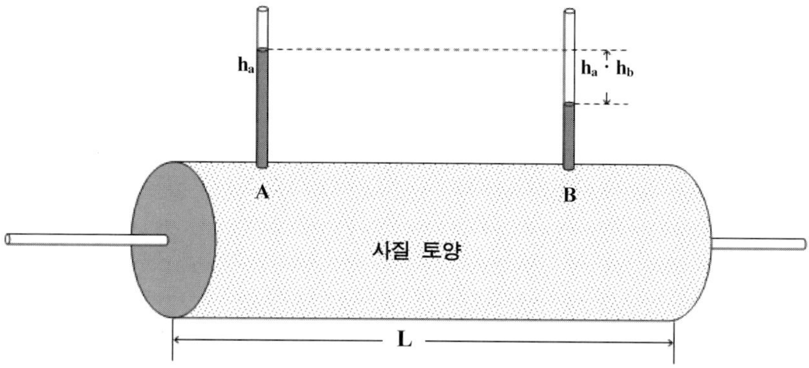

Darcy가 발견한 실험적 사실은 유량 Q는 두 지점 간의 수두차에 비례하고 유로장(L)에 반비례한다는 것이다. 비례상수 K를 도입하여 표현하면, **달시법칙** (Darcy's law)으로 알려진 다음 식이 도출된다.

$$Q = -KA\left(\frac{h_A - h_B}{L}\right) \quad (4)$$

여기서, h_A, h_B는 A, B지점에서의 수두(cm), A는 다공성 매질체의 단면적

(cm^2)이다. 단위면적당 **평균유량**(specific discharge) 혹은 **달시유량**(Darcian flux) q는

$$q = \frac{Q}{A} - K\frac{dh}{dx} \tag{5}$$

여기서, dh/dx는 **수리균배**(hydraulic gradient) 혹은 **수리경사도**이다. 각 지점에서의 수두 h는 기준면($Z_{ref} = 0$)으로부터의 높이, 즉 위치에너지 h_z와 임의의 점에서의 압력에너지 h_p의 합으로 표시된다(그림 1.1.12).

|그림 1.1.12| 대수층에서의 달시수두와 위치수두, 압력수두와의 관계

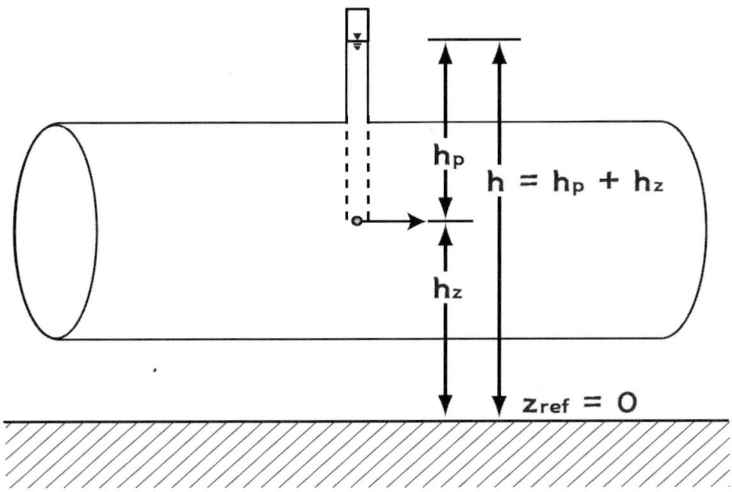

1.2. 토양

1.2.1. 토양의 형성

토양은 침식 풍화물, 영양물질, 유기물, 토양수, 공기, 그리고 분해자인 수많은 미생물의 복합체이다. 성숙된 토양은 **토양층**(soil horizon)이라 불리는 여러 개의 층으로 배열되고 각 층은 토양형태마다 다른 토성(texture)과 성분을 지니고 있다. 토양내 다양한 층들의 수직단면 모습을 **토양단면**(soil profile)이라 한다. 대부분의 성숙토양은 최소한 세 개의 층을 가지고 있다. 토양의 최상부층인 O-horizon은 대부분 새로이 유입하거나 부분적으로 분해된 나뭇잎, 나뭇가지, 동물의 분뇨, 진균류, 기타 다른 유기물로 구성되며, 보통 갈색이나 검은 색을 띄고 있다. A-horizon은 부분적으로 분해된 유기물(organic matter) 혹은 부식토(humus)와 무기 광물과의 혼합물로 구성되며, 보통 짙은 색깔을 띄고 하부층보다 구조가 느슨하다. 대부분의 토양 유기물들이 이 두 개의 층에 밀집되어 있다. 상부층은 가끔 E-horizon을 나타내기도 하는데 이 층은 침투수에 의하여 광물질(철, 알루미늄)이 하부층으로 용탈되는 층으로 용탈층(zone of leaching)이라고도 하며, 보통 밝은 색을 띄고 있다. 하부 토양층에는 B-horizon이 있으며 유기물 함량이 낮고 광물질이나 부식토 유기물, 점토함량이 높은데 이는 상부 A, E층으로부터 이들 물질이 용탈 유입되기 때문이다. B층의 하부에는 C-horizon이 있으며 대부분 토양 무기물질인 풍화암석 즉 **모재**(parent material)로 구성되며 C층의 하부에는 풍화되지 않은 모암인 암반층이 있다(그림 1.2.1).

|그림 1.2.1| 성숙토양에서 흔히 볼 수 있는 토양단면

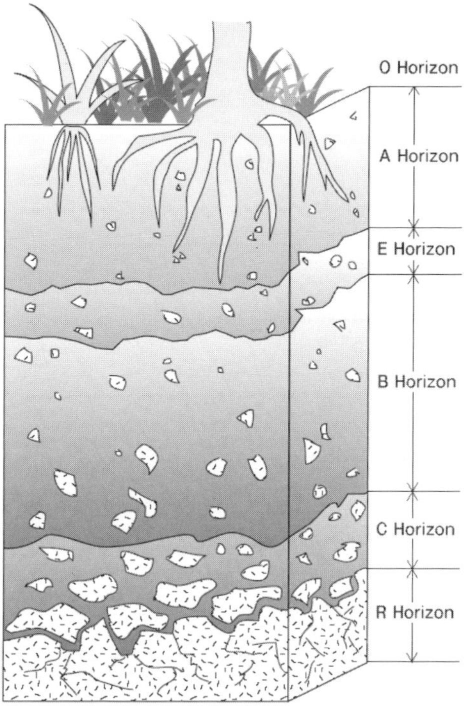

1.2.2. 토양의 물리적 특성

토양은 일반적으로 입자의 크기 즉 입경별로 점토, 이토(실트), 사질토로 구분하며(표 1.2.1), 그림 1.2.2에 도시된 바와 같이 토양내 함유된 이들 입자의 상대적 비율에 따라 토성(soil texture)이 결정되며 이 세 가지 입자의 비율이 동일할 때 양토(loam)라 한다.

|그림 1.2.2| 삼각도표법에 의한 토성분류

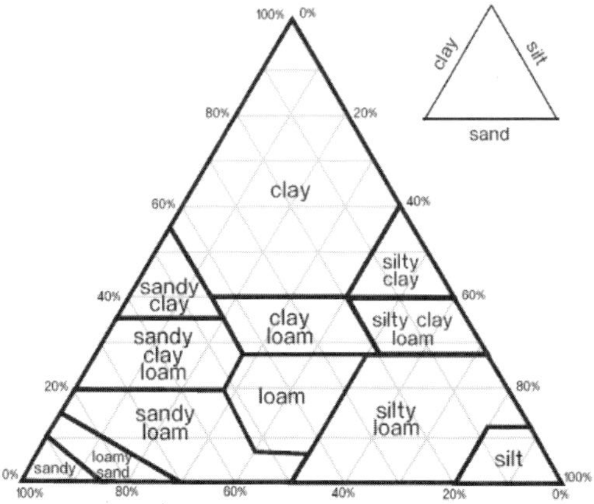

토성은 토양 공극률과도 관련되며, 공극률은 토양수분이나 토양공기의 보유용량과도 직결된다. 한편 토양내 공극의 평균 크기는 토양의 투수성을 결정하게 된다.

〈표 1.2.1〉 세 가지 주요 토양입자별 직경 및 물리적 특성

분 류	직 경 (mm[a])	직 경 (mm[b])	1g당 입자 수	1g의 표면적 (cm^2)
매우 조립질 모래	2.00~1.00	-	90	11
조립질 모래	1.00~0.50	2.00~0.20	720	23
중립질 모래	0.50~0.25	-	5,700	45
세립질 모래	0.25~0.10	0.20~0.02	46,000	91
매우 세립질 모래	0.10~0.05	-	722,000	227
실트 (미사)	0.05~0.002	0.02~0.002	5,776,000	454
점토	0.002 미만	0.002 미만	90,260,853,000	8,000,000

[a] 미국농무부 분류 [b] 국제토양과학협회 분류

일반적으로 점토와 같이 입경이 미세한 경우($2\mu m$ 이하), 공극률이 크며 비표면적도 크다(표 1.2.1). 그러나 공극의 크기는 상대적으로 작으므로 **투수성**(water permeability)이나 **투기성**(air permeability)은 사질토보다 아주 낮게 나타난다.

토성, 공극률, 투수성은 토양의 **수분보유능**(water-holding capacity)이나 산소함량, **시공성**(workability) 등을 결정짓는 중요한 인자이다. 예를 들면 양토는 적

절한 공극과 투수성을 가지고 있으므로 작물생장이나 시공성 측면에서 우수한 편이며, 사질토는 시공성은 좋으나 수분이나 영양물질 보유능이 매우 낮으므로 농업적 가치가 매우 낮다. 반면에 점토는 수분보유능은 탁월하나 점착성으로 인해 시공성이 매우 낮다.

1.2.3. 토양의 화학적 특성

1.2.3.1. 토양유기물

토양유기물(soil organic matter: SOM)은 토양이 가지고 있는 여러 가지의 기능 중에서 가장 중심적인 역할을 맡고 있다. 토양유기물은 분해되지 않은 식물이나 동물의 잔존물을 제외한 토양내의 유기물 부분으로 정의되며, 종종 부식토(humus)와 동의어로 사용된다(SSSA, 1987). 유기물은 토양성분 중에서 가장 복잡하고, 동적이며, 빈응성을 가지고 있다. 또한 토양의 물리적·화학적·생물학적 성질에 미치는 영향이 지대하므로 주요한 토양성분이다. 식물성장에 필요한 질소, 인, 황 등을 제공하는 영양기능, 토양미생물의 활동에 영향을 주는 생물학적 기능, 또한 토양구조를 촉진하여 통기성과 수분보유능을 증진시켜 주는 물리적 기능 등을 가지고 있다(Stevenson, 1994). 토양내 유기물은 토양입자들을 토양구조 단위체로 고결시켜 줄 뿐만 아니라, 중금속의 킬레이팅, 완충작용 제공, 양이온 교환능력에의 기여, 중요한 식물 영양물질의 광화 등의 역할을 하고 살충제의 생분해능에도 영향을 미친다. 토양내 유기물(SOM)은 **유기탄소**(organic C) 농도에 상수 1.724를 곱하여 산출한다.

$$SOM = 1.724 \times Organic\ C \quad (1)$$

이 방법은 1826년 Sprengel에 의해서 제안되었으며, 토양 유기물이 58%의 유기 탄소를 함유하고 있다는 가정에 근거를 두고 있다. 그 이후 몇몇 연구자들은 이 상수가 지표 토양에 대하여 1.724에서 2.00까지 변화될 수 있다는 것을 보여주었고, 하부토양에 대해서는 약 2.5가 된다고 보고하였다(Broadbent, 1965). 따라서, 개별 토양에 대해서는 실험에 의해서 적절한 상수를 결정하여야 한다. 토양내 유기탄소의 결정방법에는 여러 가지 기법이 있으며, 각각 장단점이 있다.

1.2.3.2. 양이온 교환능력

양이온 교환능력(cation exchange capacity: CEC)은 용액내 양이온과 음전하를 띈 물체 표면에 있는 다른 양이온과의 교환능력이다. 대부분의 토양의 양이온 교환능력은 2차 점토광물과 토양유기물에 의해서 좌우된다. 따라서 양이온 교환반응은 **미셀**(micells)이라고 불리는 점토와 부식토의 표면에서 주로 발생한다. 각 미셀은 수천 개의 음전하를 지니고 있으며, 흡착되었거나 교환가능한 양이온에 의해서 중성화된다. 미셀 표면은 국부적으로 음전하를 띠고 있는 경계면을 형성한다. 이 경계면 가까이에 양이온이 집중되며 미셀표면의 음전하를 중성화시킨다. 양이온 농도는 음전하가 최대가 되는 미셀표면 가까이에서 최대가 되며, 전하 강도는 미셀표면으로부터 거리가 증가할수록 급격히 감소하게 되며, 이 결과 양이온 농도 또한 감소하게 되고 반면에 음이온 농도는 증가하게 된다(그림 1.2.3).

|그림 1.2.3| 음전하 표면에서의 양이온과 음이온의 분포

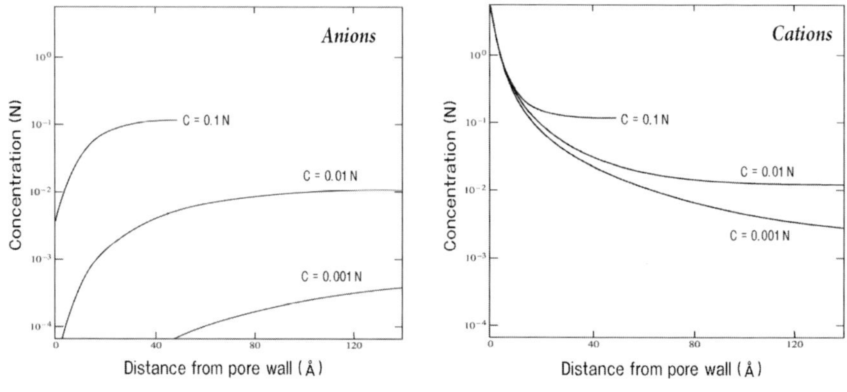

양이온과 음이온의 농도가 같아지는 지점이 존재하며 이를 electrostatic double layer(EDL)라 한다. EDL효과는 그림 1.2.3에서 보는 바와 같이 용질 농도의 함수이며, 농도가 옅을수록 그 거리가 증가한다. EDL 두께는 다음 식에 의해서 산정될 수 있다.

$$z_o = \frac{1}{eV}\sqrt{\frac{\epsilon k_B T}{8\pi n_o}} \quad (2)$$

여기서, z_o는 double layer의 두께, e는 이온의 기본전하(4.77×10^{-10} esu), ϵ는 유전상수, k_B는 볼츠만 상수, V는 용액내 이온들의 전하가, n_o는 용액내 이온농도(ions/cm^3), T는 온도(K)이다.

토양의 양이온 교환능력(CEC)은 주어진 pH에서 토양이 부착할 수 있는 양이온들이 가지고 있는 양전하의 합으로 정의된다. 환언하면 양이온 교환기에서의 음전하의 합과 동등하다. CEC는 보통 건조 토양 kg당 양전하의 centimole(cmol (+)/kg)로 표현하며, 1몰의 양전하는 6.02×10^{23} 전하와 동등하다. 즉, kg당 CEC의 각 cmol에는 6.02×10^{21} 전하를 띈 양이온이 있다. 같은 양이온이라 하더라도 전하기에 따라 양이온 교환기에서의 보유능이 달라진다. 즉 수화되지 않은 상태에서의 이온반경(dehydrated ionic radius)이 클수록, 또 전하가가 클수록 그 양이온은 교환기에 쉽게 보유될 수 있다. 따라서 양이온 교환 순서는 다음과 같다.

$$Al^{+3} \gg Ca^{+2} > Mg^{+2} \gg NH_4^{+} > K^{+} > H_3O^{+} > Na^{+} > Li^{+} \quad (3)$$

1.2.3.3. 토양의 수리적 특성

1) 점착수와 결합수

물분자는 전하적으로 중성이지만, 물분자내에서는 전하가 비대칭적으로 분포되어 있다(그림 1.2.4). 그 결과 물분자는 강한 극성을 띄며, 수소결합을 통하여 분자 간에 인력이 작용한다. 한편 토양입자는 주로 음전하를 띠고 있으며, 물분자의 양전하와 상호인력이 작용하여 **결합력**(adhesive force)을 발생시킨다. 건조 토양입자 표면에 물방울이 떨어질 때 물분자는 토양입자 표면에 퍼져 엷은 수막을 형성하게 되며 이러한 층은 여러 개의 물분자로 구성되어 있으며 이를 **결합수**(adhesion water)라 한다. 일반적으로 결합수는 강하게 부착되어 있으므로 거의 움직이지 않으며(몇몇 학자들에 의하면 얼음구조와 같이 결정질로 존재하므로) 오븐에서 건조함으로써 비로소 제거 가능한 수분이다. 결합수는 토양 내에 가장 유동성이 낮으므로 물분자가 가지고 있는 에너지가 가장 낮다.

|그림 1.2.4| 물입자의 비대칭 분포

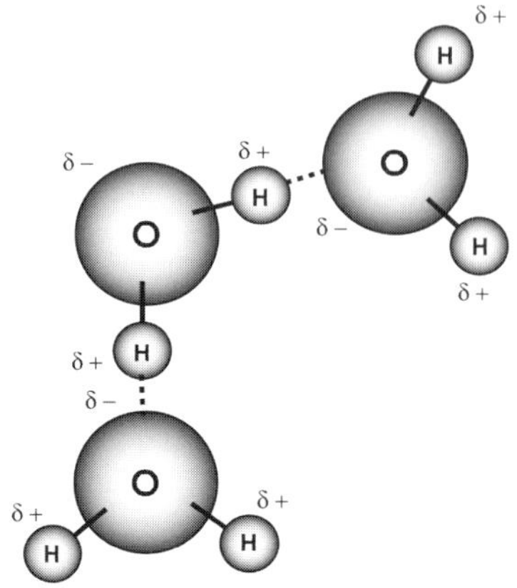

토양입자 표면에서의 물분자의 결합력은 표면으로부터의 거리에 반비례한다. 결합력이 작용하는 권역을 벗어나면 수소결합에 의한 물분자간의 **점착력**(cohesive force)이 작용하게 된다. 이 힘으로 인해 물분자는 결합수에 부착되며 제2의 수막층을 형성하게 된다(그림 1.2.5). 이러한 점착력에 의해서 토양내 보유되는 수분을 **점착수**(cohesive water)라 한다.

|그림 1.2.5| 토양입자 주변에 존재하는 결합수와 점착수의 모식도(adapted from Foth, 1990)

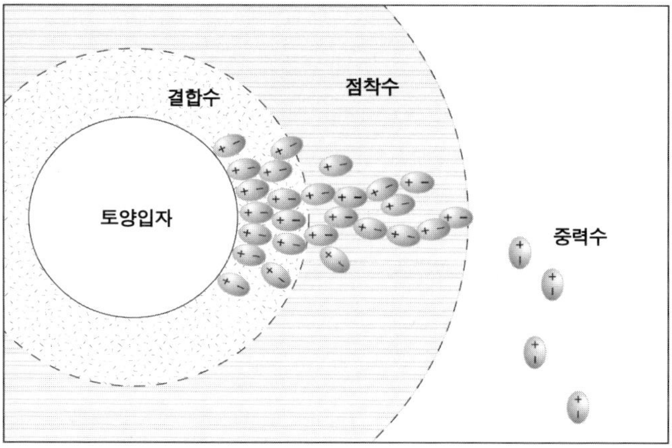

2) **토양수분 포텐셜**(soil water potential)

토양수분과 관련된 주요 관심사는 이동에 있으며, 거기에는 토양표면으로의 이동(침투)과 토양층내 하부로의 이동 등이 있다. 토양수의 압력은 토양수의 이동성을 나타내는 주요한 지표가 되며, **토양수분 포텐셜**로 표현된다. 수분 포텐셜은 기준면으로부터 다른 지점까지의 수분이동에 필요한 일의 양으로 정의되며, 중력(gravitational) 포텐셜, 매트릭(matric) 포텐셜, 삼투(osmotic) 포텐셜 등이 있다. **중력 포텐셜**은 물의 위치에너지에 기인하며, 포화 토양에서 중요한 역할을 한다. 일반적으로 기준면으로부터 높아질수록 중력 포텐셜은 커지게 된다. 토양이 비포화되어 중력수가 존재하지 않을 경우 수분이동은 수평적으로 발생할 수도 있으며, 이때는 결합력과 점착력이 수분 이동에 영향을 준다. 이러한 힘들은 주요 토양입자들의 크기와 성질에 의해서 영향을 받는다. 토성이나 구조에 의한 토양 표면이나 공간의 물리적 배열을 **토양 매트릭스**(soil matrix)라 한다. 토양 매트릭스와 토양수분 간의 상호작용에 의해서 **매트릭 포텐셜**이 발생된다. 매트릭 포텐셜은 토양수분함량과 관련되며, 토양이 건조할수록 감소하게 되나(음으로 커지게 되나) 그 절대치는 커지게 된다. 따라서 건조 토양에서의 매트릭 포텐셜은 결합력과 점착력에 의해서 결정되며 수분이동에 큰 역할을 하게 된다. **삼투 포텐셜**은 염 이온의 수화에 의한 물분자의 흡착력에 기인하며, 일반적으로 토양 용액내의 염 농도는 낮아 토양수분 이동에는 크게 기여하지 못하므로 무시한다.

따라서 토양 수분 포텐셜(ϕ)은 다음과 같은 중력(Z)과 압력 포텐셜(ψ)로 구성되며, 불포화상태에서는 압력 포텐셜이 중력 포텐셜보다 훨씬 크게 작용하는데, 이때의 압력 포텐셜은 음의 압력 즉 매트릭 포텐셜을 가진다.

$$\phi = \psi(\theta) + Z \qquad (4)$$

3) **토양수분 보유 곡선**(soil water retention curve)

토양내 불포화 상태의 수분함량에 따른 물분자가 가지고 있는 포텐셜 에너지를 이해하기 위해서는 먼저 토양 수분함량에 대한 기초지식이 요구된다. 토양 수분함량은 크게 무게(질량)(gravimetric) 혹은 체적(volumetric)에 근거하여 표현할 수 있는데 지질매체내 수분이동과 관련하여 논할 때는 주로 체적에 기준한 수분함량을 사용한다. 일반적으로 수분함량 변화에 따라 토양이 변형되지 않는 조건하에서 체적수분함량(volumetric water content)은 다음 식으로 표현된다.

$$\theta = \frac{V_W}{V_T} \tag{5}$$

여기서 V_W, V_T는 각각 매질체내 토양수분 체적 및 토양의 전체 체적이다.

토양내 점착수나 결합수 때문에 아주 큰 모세관 압력(매트릭 포텐셜)에도 제거되지 않는 수분함량 즉 **잔존 수분 함량**을 고려할 때는 **포화도**(saturation degree) 혹은 **유효 수분함량**(effective water content)을 사용하며 이 경우 포화도는 다음과 같이 표현된다.

$$S_e = \frac{\theta - \theta_r}{\theta_s - \theta_r} \tag{6}$$

여기서, θ_s, θ_r는 각각 포화 및 잔존 수분함량이며, θ는 토양내 임의의 수분함량이다.

토양 수분함량은 모세관 압력 혹은 토양의 매트릭 포텐셜과 긴밀한 관계가 있으며 음의 압력을 가진 매트릭 포텐셜의 절대치($|\psi|$)가 클수록 토양이 물분자에 대한 흡인력이 크므로 토양수분은 낮게 나타난다. 따라서 토양의 매트릭스내 공극의 크기가 작을수록 토양수분에 대한 흡인력이 크게 작용하고 모세관 압력은 커지게 된다. 이는 주어진 모세관 압력하에서 점토 토양이 사질 토양보다 수분함량을 보다 많이 함유하고 있는 이유가 된다. 토양이 가지고 있는 체적 수분함량(θ) 혹은 포화도(S_e)와 매트릭 포텐셜(ψ)와의 관계를 **토양수분 보유곡선**(soil water retention curve: SWRC, 그림 1.2.6) 혹은 **토양수분 포텐셜 곡선**(soil water potential curve)이라 하며 VG모델(van Genuchten, 1980)을 사용하여 다음과 같이 표현된다.

$$S_e = \frac{1}{(1 + (\alpha\psi)^n)^m} \tag{7}$$

여기서, α, n, m은 보유곡선 형태에 영향을 주는 경험상수들이다.

|그림 1.2.6| 토양수분 보유곡선과 VG모델

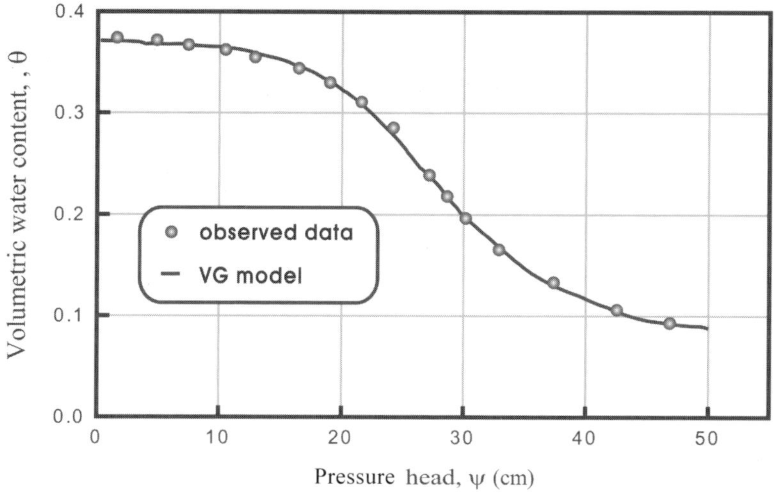

4) 비포화 투수계수 곡선(K(h) curve)

토양 혹은 대수층 매질체가 포화 상태에서는 모든 공극이 물로 채워져 있어 공극수의 전달이 용이하지만, 비포화 상태에서는 공극의 일부분이 공기로 채워져 있어 **포화 투수계수**(saturated hydraulic conductivity: Ks)보다 낮게 나타난다. 포화된 토양이 배수될 때 비교적 큰 공극의 물이 먼저 비워지게 되고, 물을 전달할 수 있는 토양시료의 능력이 급격히 감소하게 된다. 따라서 **비포화 투수계수**(unsaturated hydraulic conductivity, 그림 1.2.7)는 토양 수분함량의 함수이고 또한 매트릭 포텐셜의 함수이기도 하다. 토양수분 보유 곡선에 사용된 van Genuchten 모델 파라미터(α, n, m)을 사용하여 Mualem모델(Mualem, 1976) 형태의 비포화 투수계수는 다음 식과 같이 표현되며 이를 van Genuchten-Mualem 모델이라고도 한다.

$$K(S_e) = K_s S_e^l (1-(1-S_e^{1/m})^m)^2 \tag{8}$$

위 식 (8)으로 주어진 모델을 매트릭 포텐셜에 대한 함수로 표현하면 식 (9)와 같이 된다.

$$K(\psi) = K_s \frac{(1-(\alpha\psi)^{n-1}(1+(\alpha\psi)^n)^{-m})^2}{(1+(\alpha\psi)^n)^{m/2}} \quad (9)$$

|그림 1.2.7| 비포화 투수계수와 VG-Mualem 모델

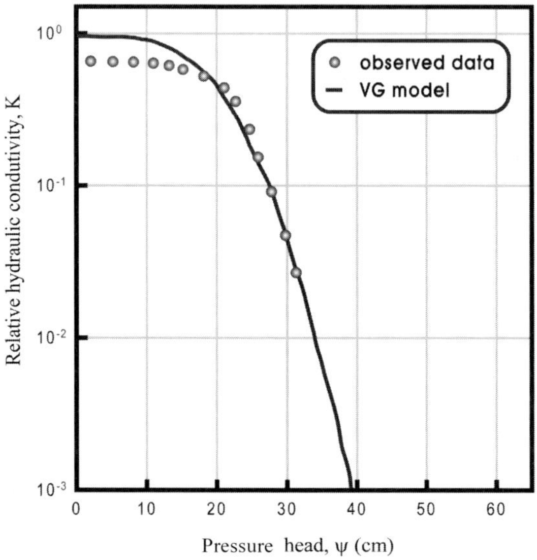

5) 토양수분 흐름

토양내 비포화 흐름에 대한 기본 법칙을 확립한 사람은 Buckingham(1907)이며, 비포화 토양의 매트릭 포텐셜 ψ는 토양 수분함량의 함수가 되고 비포화 흐름은 이 포텐셜의 경사도 혹은 수리균배에 비례한다는 사실을 알아내었다. Buckingham 유량은 벡터함수로 표현하면 다음 식과 같다.

$$q = -K(\psi)\nabla(\phi) \quad (10)$$

여기서, ϕ는 비포화 토양내 물분자가 가지고 있는 전체 포텐셜 에너지로서 $\phi = \psi + Z$이다.

연 습 문 제

1. 다음 그림을 참고하여 공극률에 대한 정의식 (식 1)을 이용하여 계산식 (식 2)를 증명하시오.

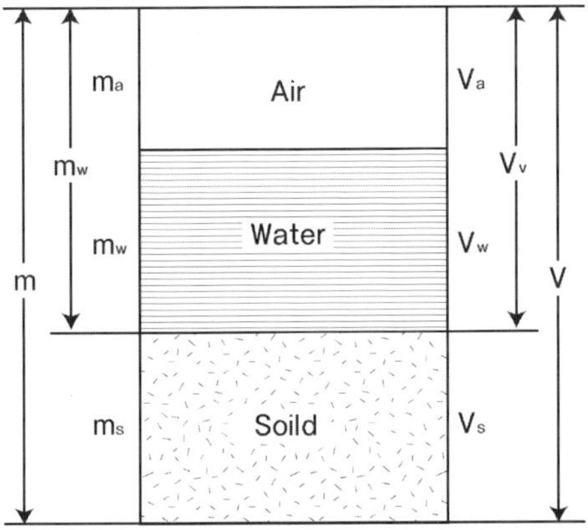

$$n = \frac{V_v}{V} \qquad \text{(식 1)}$$

$$n = (1 - \frac{\rho_b}{\rho_s}) \qquad \text{(식 2)}$$

2. 가비중이 ρ_b = 1.0, 1.3, 1.6, 1.9, 2.2 g/cm^{3}일 때, 공극률(n)을 각각 구하고, n-ρ_b의 Graph를 도시하여 상관관계를 설명하시오.

$$n = 1 - \frac{\rho_b}{\rho_s} = 1 - \frac{\rho_b}{2.65}$$

sample no.	#1	#2	#3	#4	#5
ρ_b	1.0	1.3	1.6	1.9	2.2
n					

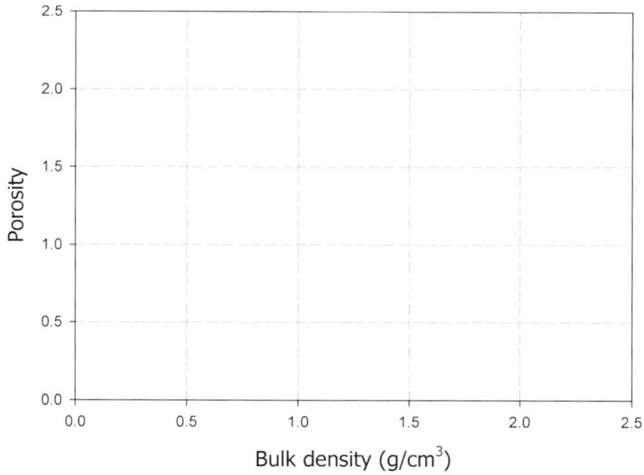

3. 다음 그림에서 한변의 길이가 10cm인 정사각형내에 접하여 있는 구를 제외한 공극의 크기를 구하여라.

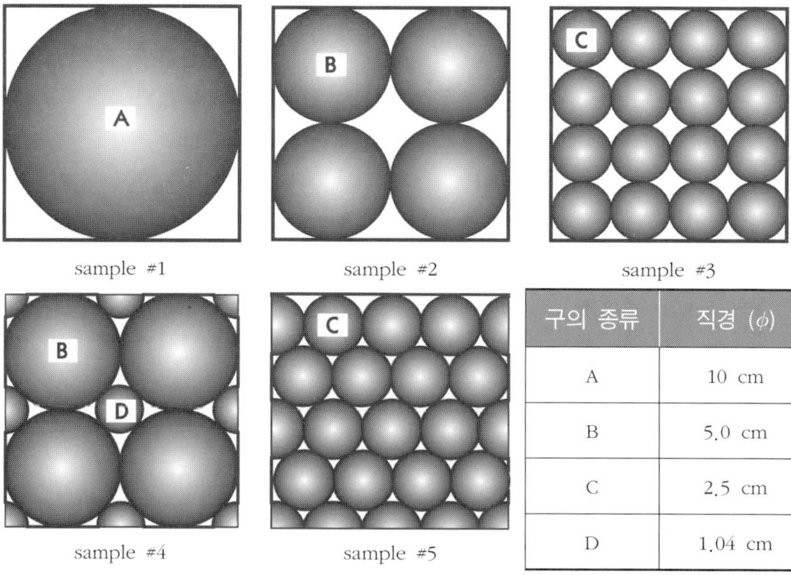

구의 종류	직경 (ϕ)
A	10 cm
B	5.0 cm
C	2.5 cm
D	1.04 cm

4. 다음의 토성분류 삼각도를 이용하여 빈칸을 채우시오.

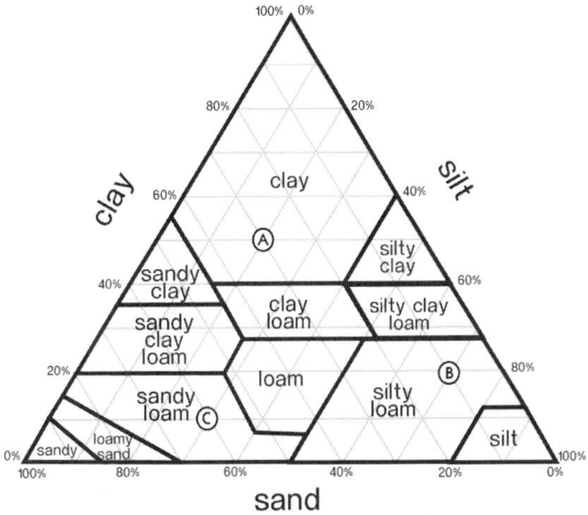

sample	relative percent (%)			soil texture
	clay	silt	sand	
A				
B				
C				

5. Sprengel가 제안한 토양내 유기물(SOM)과 유기탄소(organic C)의 관계를 이용하여 SOM이 약 8%일 때, organic C는 얼마인가?

6. 점토와 사질토의 토양수분 보유 곡선을 비교 설명하시오.

7. 점토와 사질토의 비포화 투수계수를 비교 설명하시오.

제2장 지하환경 오염원

2.1. 오염범위

지하환경 오염과 관련하여 다양하고 매우 광범위한 요인들이 존재하고 있어, 지하수 오염범위에 대한 정확한 평가가 어려운 실정이다. 이들 요인으로는 (1) 오염물질의 독성 범위가 매우 방대하다는 점, (2) 오염물질의 처리방식이 다양하다는 점, (3) 사고로 지면에 오염물질을 흘릴 수 있다는 점, (4) 우물로부터 다양한 방식으로 지하수를 사용한다는 점, (5) 각각의 오염물질이 토양, 물 그리고 암석 환경에서 각기 다르게 활동한다는 점, (6) 각 지역마다 지질학적·수문학적인 조건이 다양하다는 점, 그리고 (7) 수문학적인 조건이 시시각각 변한다는 점이다.

더구나 몇몇 오염물질들은 색깔 및 냄새가 없고, 맛이 없어서 소극적인 수단으로는 찾아내기 힘들다. 다양한 합성 유기화합물은 정교하고 고비용의 샘플링과 분석기술을 요구하며, 추가적인 감지 노력을 요구한다. 예를 들어, 미국 일리노이 주의 3,400여 개의 공공우물에 대한 특정 유기 화합물의 존재여부를 조사할 경우 대략 4-5년의 기간이 요구된다고 보고된 바 있다. 또한 일리노이 주내의 50만여 개의 개인우물에 대한 정밀조사는 비용측면에서만 불가능한 것이 아니라, 매우 오랜 시간이 걸린다는 점에서 불가능하다. 오염물질의 범위와 위험성에 대한 평가는 미국의 경우 1940년대 초반부터 합성유기화학산업이 급속도로 성장함으로 인하여 더욱 복잡해지고 있다. 최소한 6만 3천여 개의 합성유기화합물이 산업에서 상용화되고 있고, 이 숫자는 매년 500-1,000개씩 증가하고 있다. 이와 같은 화합물들이 인간에 미치는 영향, 특히 낮은 노출 수준에서 오랜 기간의 노출에 의한 영향은 아직까지 잘 밝혀지지 않고 있다. 이들 화합물을 조사하고 완벽한 평가를 내리는 데에는 오랜 시간이 필요할 것이다.

그러나 미국의 경우 전체 지하수의 오염 정도는 상대적으로 낮은 비율로 나타나 있다. 미국 지하수오염방지 기술평가위원회는 그 범위를 약 1－2%로 보고하고 있고, 오염의 범위는 더욱 커질 것이라고 보고 있다. 이는 사회 전반적으로 지하수를 오염시키는 물질을 많이 사용하는 반면에, 오염물질을 감지하려는 노력은 주로 공공용수 공급원과 점원오염(매립지, 위험한 오염지대)에 집중되어 있기 때문이다. 게다가 이용 가능한 지하수 중 매우 낮은 비율이 오염되었다고 하지만, 이 비율은 심각할 수 있다. 왜냐하면, (1) 오염은 종종 인구 과밀지대에서 일어나고, (2) 지하수에 대한 의존도가 증가하고 있기 때문이다.

2.2. 오염형태

미국의 경우 지하수에서는 약 200종 이상의 화합물이 들어 있는 것으로 보고된 바 있다. 그리고 이 중 다수의 화합물이 인간에게 해로운 영향을 미친다. 이 숫자에는 대략 175개의 유기화합물과, 50개 이상의 무기화합물(금속, 비금속, 비유기산), 그리고 방사성핵종 등이 포함된다. 이들 화합물의 일부는 지하수에서 자연적으로 발생하는데, 특히 물과 접촉하는 지질학적 매질체로부터 녹아드는 미네랄은 지하수에서 자연적으로 발생한다. 그러나 대부분의 화합물은 인간에 의해서 지하수계로 유입되었다(그림 2.2.1).

|그림 2.2.1| 지하환경 오염원 및 토양-지하수오염 원인 기작

(adapted from Fetter, 1993)

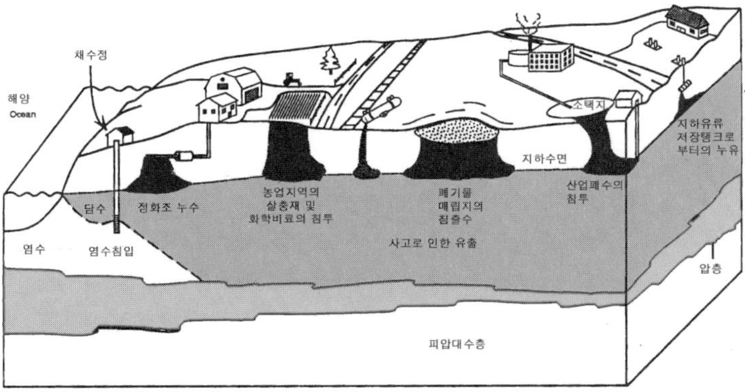

미국 뉴저지 주의 1천여 개의 지하수 샘플과 6백여 개의 지표수 샘플에서 56개의 독성물질(9개의 중금속, 47개의 유기화합물)의 농도를 측정했을 때, 한 개 혹은 다수의 샘플에서 측정 가능한 범위에서 발견되었고, 5종의 유기화합물이 50%의 지하수 샘플에서 확인되었으며, 추가적으로 20개의 유기화합물이 10－50% 정도의 샘플에서 확인되었다. 이 조사에서 뉴저지 주의 지하수는 지표수만큼이나 오염되었다는 결론을 맺게 되었다.

미국 지하수조사국은 미국 환경보호청의 주도하에 조사한 결과 무작위로 선정한 공공 지하수 중 466개에서 휘발성 유기화합물이 검출되었다고 하였다. 이 조사에서는 16.8%의 소규모 지하수 공급시설에서, 그리고 28%의 대규모 지하수 공급시설에서 한 개 혹은 다수의 휘발성 유기화합물이 검출된 것으로 확인되었다. 그리고 6.8%, 13.4%의 비율로 소규모와 대규모 공급시설에서 2종 혹은 다수의 휘발성 유기화합물이 검출되었다. 가장 많이 검출된 휘발성 유기화합물은 트리클로로에틸렌(TCE)과 테트라클로로에틸렌(PCE)이었다(그림 2.2.2).

|그림 2.2.2| 트리클로로에틸렌(TCE)과 테트라클로로에틸렌(PCE)

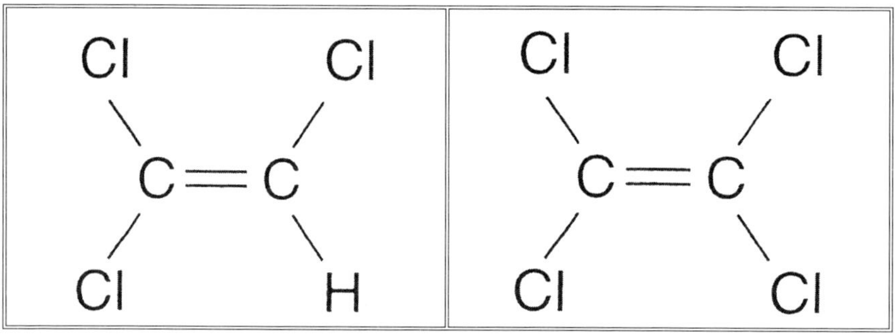

지하수 오염의 수준과 심각성, 그리고 그와 연관된 건강문제에 대하여 신뢰할 수 있을 정도의 조사는 아마도 불가능할 것이다. 왜냐하면 (1) 수많은 지역이 오염물질 모니터링을 할 수 없는 지역이며, (2) 수많은 우물의 수질에 대한 광범위한 조사가 필요로 하기 때문이다.

2.3. 오염원

미국 지하수오염방지 기술평가위원회의 보고서는 30개 이상의 잠재적 지하수 오염원을 열거했다. 비록 지하수 오염원으로서 대부분의 관심이 폐기물에 맞추어져 있지만 액체 또는 고체 폐기물과 관련되지 않은 다양한 오염물이 있다. 지하수오염방지 기술평가위원회의 공식 보고는 오염원을 6개의 범주로 분류하였다 (표 2.3.1).

〈표 2.3.1〉 미국 기술평가국 보고서에 의한 6가지 종류의 지하수 오염원

Category I	Category II	Category III
· Sources designed to discharge substances	· Sources designed to store, treat, and/or dispose of substance ; discharged through unplanned release	· Sources designed to retain substances during transport or transmission
· Subsurface percolation (e.g., septic tanks and cesspools) · Injection wells · Land application	· Landfills · Open dumps · Surface impoundments · Waste tailings · waste piles · Materials stockpiles · Aboveground storage tanks · Underground storage tanks · Radioactive disposal sites	· Pipelines · Materials transport and transfer
Category IV	**Category V**	**Category VI**
· Sources discharging as consequence of other planed activities	· Sources providing conduit or inducing discharge through altered flow patterns	· Naturally occurring sources whose discharge is created and/or exacerbated by human activity
· Irrigation practices · Pesticide applications · Fertilizer applications · Animal feeding operations · De-icing salts applications · Urban runoff · Percolation of atmospheric pollutants · Mining and mine drainage	· Production wells · Other wells (nonwaste) · Construction excavation	· Ground water-surface water interactions · Natural leaching · Saltwater intrusion, brackish water

참고 : Office of Technology Assessment, 1984.

미국의 경우 절반이 넘는 주에서 지하수에 대한 중대위협이 되는 잠재오염원으로서 저장탱크, 정화조, 농업활동, 도시 매립지, 방치된 유해폐기물 부지 등을 열거하였고, 다른 나머지 오염원들은 산업 폐기물 매립지, 주입정(injection wells), 관리된 유해폐기물 부지, 토지 투기(land application), 노변 염분(road salt), 해수 침투, 유전 탐사정으로부터의 해수 등을 들었다. 그중 가장 우선시 되는 순위는 저장 탱크, 방치된 폐기물 부지, 농업 활동, 지표저류, 도시 매립지 등이었다. 그림 2.3.1 및 그림 2.3.2는 미 의회에 보고된 주요 오염원 오염물질의 우선순위를 나타내고 있다.

|그림 2.3.1| 오염원의 빈도(자료 : National water quality inventory, 1988 보고서, EPA)

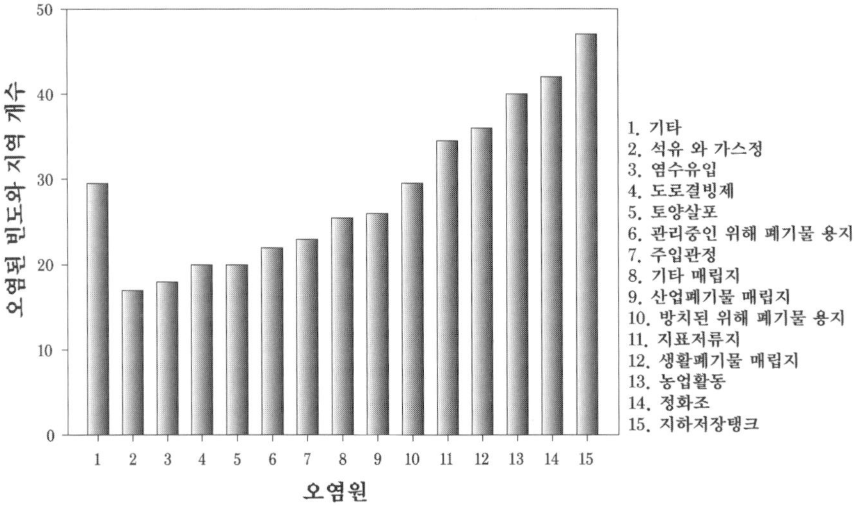

|그림 2.3.2| 오염물질의 빈도(자료 : National water quality inventory, 1988 보고서, EPA)

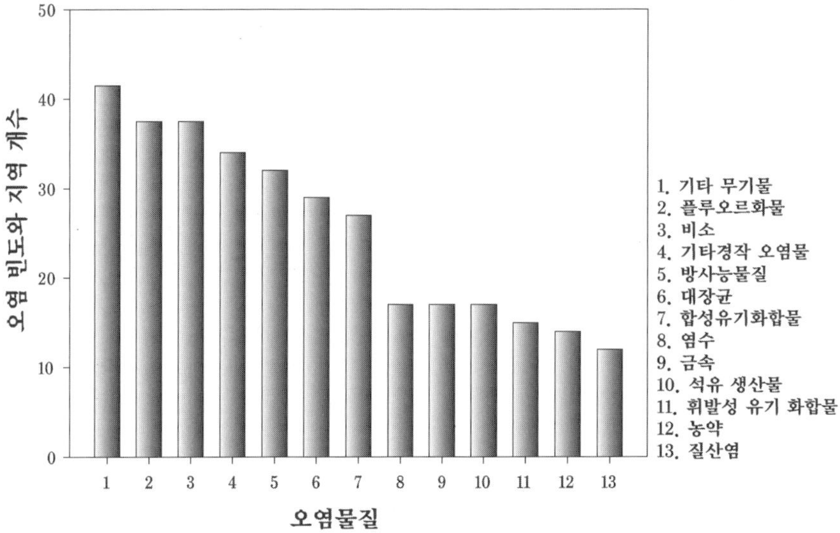

2.3.1. 유출 시설물(sources designed to discharge substances)

2.3.1.1. 오수처리탱크와 정화조

오수처리탱크와 정화조는 가정 하수가 지하수면 위의 지하로 배출되도록 설계되었다. 화장실, 개수대, 목욕실로부터 배출된 물은 오수처리탱크로 들어가서 침강, 혐기성 분해를 거친 후, 배수시스템을 통해 토양으로 배출된다. 1977년 미국에서 1,680만 개의 오수처리시설에 대한 평가가 이루어졌다. 정화시설은 다양한 무기화합물과 유기화합물을 배출한다. 가정하수뿐만 아니라 정화조 세척제는 트리클로로에틸렌, 벤젠, 그리고 메틸렌클로라이드와 같은 합성유기화합물을 포함하고 있으며 지하로 배출된다.

2.3.1.2. 주입관정

주입관정은 액상 폐기물과 여러 액체를 지하수위 아래의 지하로 주입시키기 위해 사용된다. 주입되는 액체는 다음과 같다. (1) 위험한 폐기물, (2) 유전 탐사정으로부터의 염수, (3) 농촌과 도시의 유출수, (4) 도시하수, (5) 에어컨 회수용수, (6) 난방 회수용수, (7) 대수층의 인공함양에 사용되는 용수, (8) 광산 채굴에 사용되는 액체.

주입관정은 주입된 액체가 음용수 공급원으로 이용되는 대수층으로 흘러들어갈 경우 지하수의 오염을 야기한다. 이것은 서투른 우물 설계, 지질학에 대한 불충분한 이해, 우물 건설의 결함, 그리고 붕괴된 우물 틀에 의해서 발생한다. 음용수 공급원으로 이용 불가능한 대수층이 있는 지역의 지표하에 투입된 오수는 피압 대수층의 갈라진 틈 또는 버려지거나 잘못 시공된 우물 근처의 대수층을 통하여 음용수 공급원으로 이용 가능한 지하대수층으로 이동할 수 있다.

2.3.1.3. 토양살포

처리 혹은 미처리된 도시생활오수와 산업폐수는 분무 관개시스템을 통해서 지면에 뿌려지기도 한다. 토양에 존재하는 식물과 미생물은 오수에 함유된 유기물을 분해한다. 오수처리시설로부터 발생하는 슬러지는 농장에서 발생하는 동물분뇨나 치즈공장에서 나오는 유장처럼 비료로 토양에 투입된다. 석유정제과정에서 발생하는 유류 오염물은 토양에 유입되어 토양 미생물에 의해서 분해된다. 질소, 인, 중금속, 그리고 내부식성 유기물질이 폐기물과 오수에 함유되어 지상에 투입되면 토양으로부터 침출되어 지하수의 오염원이 될 수 있다.

2.3.2. 저장, 처리, 폐기시설물

2.3.2.1. 매립지

매립지는 폐기물 처리의 부작용을 최소화하기 위한 시설물로 정의된다. 그러나 대부분의 폐기물 매립지가 잘못 설계되어, 지하수를 오염시키는 액상 폐기물인 침출수를 유출시키고 있다. 미국에 있는 12,991개의 매립지와 2,395개의 쓰레기 야적장을 대상으로 한 조사에 의하면 매립지는 유해하지 않은 도시 폐기물, 유해하지 않은 산업 폐기물, 그리고 유해한 폐기물을 포함하고 있다.

매립지에 존재하는 물질은 도시 쓰레기, 파괴 잔해물, 오수처리 시설물로부터의 슬러지, 소각로의 재, 유리 제조공장의 모래와 기타 제조 폐기물, 그리고 독성·유해성 폐기물을 포함한다. 비록 더 이상 허용되지는 않지만 과거에는 액상 유해 폐기물도 매립지에서 처리했다.

침출수는 강우에 의한 고체 폐기물로부터의 용탈에 의해서뿐만 아니라 폐기물로부터 나오는 액체에 의해서 형성된다. 매립지에서 침출수 생성량을 최소화하기 위해서는 강우의 침투를 제한할 수 있는 투수성이 낮은 물질로 폐기물을 덮어야 한다. 현대적인 폐기물 매립지는 저투수 시스템을 구축해야 하며, 형성된 침출수를 제거하기 위한 집수관을 설치하여 오수 처리시설로 배출해야 한다. 현대적인 매립지는 지역적인 지질을 고려하여 설계되어야 하며, 라이너, 침출수 집수관, 불투수성 층을 설치해야 한다. 그러나 많은 매립지는 이러한 시설들을 갖추고 있지 못하고 있는 실정이다. 과거에는 구덩이, 채석장, 또는 습지와 같은 웅덩이에 매립지를 설치하였는데, 이러한 곳에 설치된 매립지는 지하수를 오염시킬 가능성이 높다.

도시의 폐기물 매립지는 대개 도시 근교에 존재하고 있다. 일 년에 수천 톤의 폐기물을 처리할 수 있는 대규모의 매립지가 건설되어 왔다. 미국의 경우 유해성 폐기물 매립지는 자원보전 및 회수에 관한 법령(resource conservation and recovery act, RCRA)에 의해서 규제된다. 님비(NIMBY)현상으로 불리는 지역이기주의로 인하여 도시 폐기물 혹은 유해성 폐기물 매립지의 건설은 많은 반대에 부딪혀 있는 것이 현실이다.

2.3.2.2. 개방형 폐기물 하치장

개방형 폐기물 하치장은 규제가 되지 않는 전형적인 경우이다. 폐기물은 주로 소각되었고, 잔재물은 경우에 따라서 폐기되었다. 이러한 폐기물 하치장은 라이너와 침출수 집수시스템을 설치하지 않아서 지하수를 오염시키는 경우가 매우 많았다. 1991년 미국 환경보호청의 규제로 인하여 미국에서는 더 이상 개방형 폐기물 하치장의 사용은 금지되었다. 대부분의 개방형 폐기물 하치장은 규제로 인한 처리비용 증가로 인하여 문을 닫고 있다.

2.3.2.3. 지표 저류지

구덩이, 연못, 소택지는 공장, 농장, 지방자치 단체에서 무해성 또는 유해성 액체 폐기물을 처리하거나 저장하는 곳으로 쓰였다. 이러한 구덩이는 점토와 같은 천연적인 재료 또는 플라스틱 시트, 고무막, 아스팔트와 같은 인공적인 재료에 의하여 라이닝이 될 수도 있고 되지 않을 수도 있다.

저류지는 입자 침강, 생물학적 산화, 화학적 응집 및 침전, pH 조절 과정을 위해서 사용되거나, 이러한 처리의 선행단계로 하수를 저장하기 위하여 사용되었다. 지표 저류지에 있는 물은 강이나 호소로 흘러들어 갈 수 있다. 유출되는 저류지의 경우 라이닝하지 않으면 침투에 의해서 지하로 물을 침투시킬 수 있다. 유출되지 않은 저류지 또한 증발에 의해서 물이 방출된다(그림 2.3.3). 증발연못은 증발산량이 강우량을 초과하는 건조 지역에서는 효과적이다. 라이닝된 증발연못의 경우에도 라이닝의 질이 떨어지게 되면 누출이 일어나서 지하수 오염을 일으킬 수 있다.

저류지는 지방자치단체에서 하수처리에 이용하거나, 제지, 석유 정제, 금속, 광업, 화학공업 등의 산업에서 폐수처리에 사용하고 있다. 또한 저류지는 농장의 동물 사육장에서 사용된 물을 처리하는 데도 사용된다. 발전소에서는 지표 저류지의 물을 냉각수로 사용하고 있다. 광업에서는 지표 저류지를 광미를 분리하는 데 사용하고 있다.

|그림 2.3.3| 저류지

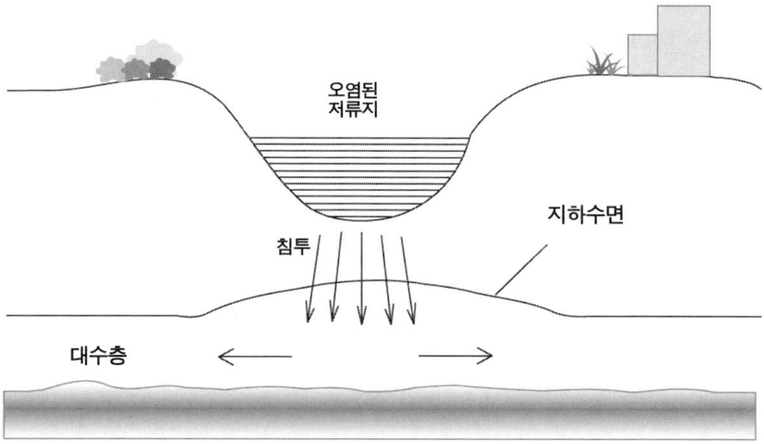

2.3.2.4. 광산 폐기물

광산 작업은 채광과정에서 불필요한 토양, 퇴적물 및 암석을 발생시키고, 고체 폐기물을 만들어 낸다. 이들 폐기물들은 지면에 쌓아 두거나 저지대에 채워 두기도 하고 이미 채굴된 곳을 복원시키는 데 이용하기도 하며, 침출수 집거 시스템이 설치된 매립지에 보내기도 한다. 광산 폐기물은 우수에 의해 침출수를 발생시킨다. 만일 황산염과 황산미네랄이 존재할 경우 황산이 생성될 수 있으며,

배출수에서 산성도가 높게 나타날 수 있다. 이와 같은 현상은 석탄, 구리 및 금의 채굴장에서 발생하며, 황산미네랄이 많이 함유된 지역에서 채굴할 경우에도 일어난다. 광산 폐기물의 침출수는 중금속을 포함하고, 우라늄과 토륨 광산의 경우에는 방사선핵종을 포함하기도 한다. 광산 폐기물의 중화는 산성 침출수의 형성을 막고, 다수의 금속 이온과 방사선 핵종의 이동성을 차단할 수 있다.

2.3.2.5. 물질 저장공

석탄, 광산 및 건설용 골재 등은 야외 저장더미에 저장된다. 여기서 발생되는 침출수는 광산에서 스며 나오는 침출수와 비슷한 성질을 지닌다. 예를 들어 석탄 저장공을 통과하는 빗물은 황철석과 접촉하여 산성을 띠게 된다.

2.3.2.6. 지상저장탱크

석유, 농업용 비료, 그 밖에 여러 화학물질들이 지상저장탱크에 저장되는데, 이들 탱크에 생긴 균열 때문에 화학물질이 지중으로 스며들게 된다.

2.3.2.7. 지하저장탱크

미국 지하수오염방지 기술평가위원회의 보고에 의하면 미국에는 25억 개 정도의 지하저장탱크(그림 2.3.4)가 있는 것으로 밝혀지고 있다. 각 주유소에는 최소한 2개 이상의 탱크가 있는 것이 일반적이다. 많은 가정에서는 난방연료를 저장하기 위하여 지하저장탱크를 구비하고 있고, 산업시설에서도 화학물질을 지속적으로 지하저장탱크에 저장하고 있다. 유해한 액체들 역시 지하저장탱크에 저장하는 경우가 많다. 매립지의 침출수 처리시스템에서 나온 침출수 역시 처리시설로 가기 전에 지하탱크에 저장된다.

|그림 2.3.4| 지하저장탱크

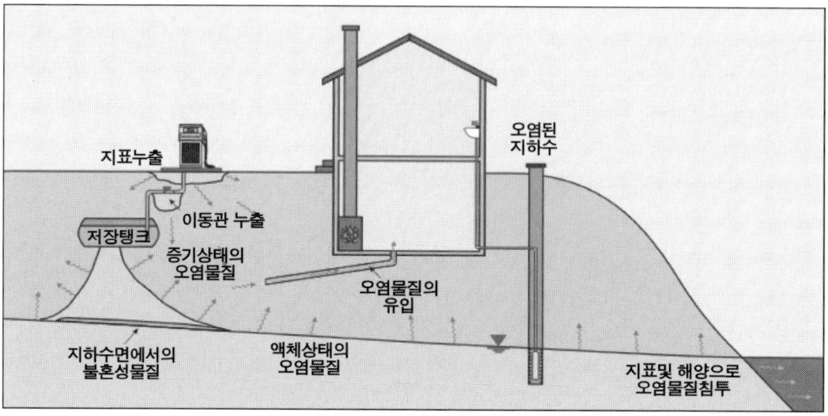

지하저장탱크는 탱크자체 혹은 연결된 파이프에 녹이 슨다. 철로 만든 탱크는 부식의 위험이 높아서 유리섬유로 만든 탱크로 교체되고 있는 실정이다. 유리섬유 탱크는 철 탱크만큼의 강도를 지니고 있지 않고 금이 가기도 쉽다. 녹슨 지하저장탱크를 가지고 있는 주유소의 주인은 탱크 교체와 오염된 토양의 복원을 위해 수천 달러의 돈을 써야 한다. 만일 지하수까지 오염이 됐다면 정화비용은 더욱 증가한다.

가정에서도 오염은 마찬가지이다. 미국 위스콘신 주 블랙울프지역에서 오래된 주택을 구입한 사람들은 불법 지하저장탱크가 자신의 집에 묻혀 있는 것을 발견하게 되었는데, 불행 중 다행으로 그 탱크가 대부분 지하수위의 아래에 존재하였기 때문에 탱크 내부의 기름이 밖으로 빠져나오기보다는 물이 탱크 안으로 스며들었다. 만일 탱크 내부의 기름이 밖으로 빠져나왔다면, 오염된 토양을 처분하는 데 더 많은 비용이 들었을 것이다.

2.3.2.8. 야외소각 및 폭발지역

폐기물의 야외 소각은 자원보전 및 회수에 관한 법령(RCRA)의 허가를 받아야 한다. 1981년에 240여 개의 설비가 미국에 존재하였다. 미국 국방부는 오래된 탄약소각 및 폭발 지역을 관리하고 있다. 이러한 지역에서 발생하는 화학물질들은 빗물과 함께 지하수에 도달하게 된다.

2.3.2.9. 방사능 폐기물 처분지역

미국의 경우 민간에서 발생하는 방사능 폐기물이나 우라늄 제조 광미에서 나오는 폐기물의 처분은 핵규제위원회(Nuclear Regulatory Commission)의 허가를 받아야 한다. 핵발전소에서 나오는 고준위 방사능 폐기물은 현재는 임시 저장시설에 있으나 결국에는 암반에 구멍을 뚫어 만든 지하의 저장시설로 가게 된다. 그 첫 번째 저장시설이 미국 네바다 주의 유카(Yucca)산에 계획되었다. 저준위 방사능 폐기물은 얕은 쓰레기 매립지에 묻힌다. 방사능 폐기물이 적절히 관리될 수 있는 지역에 묻히지 않으면 방사성 핵종은 폐기물 내에서 지하수로 이동할 잠재성을 가진다.

2.3.3. 이동 저장원(sources designed to retain substances during transport)

2.3.3.1. 도관

도관에는 천연가스, 원유, 암모니아와 같은 다른 액체들을 흘려보내기 위한 것뿐 아니라 오수를 흘려보내는 하수관도 포함된다. 도관이 그 내용물을 잘 보유할 수 있도록 설계되었음에도 불구하고, 크거나 작은 범위의 누출이 발생한다. 이것은 특히 오래된 도관 구간에서 발생한다. 하수관은 보통 누출이 발생할 수 있는 마찰 이음매를 갖고 있다. 만약 하수관이 지하수면보다 높은 곳에 위치한다면 누출된 하수는 박테리아, 질소, 그리고 염소 등으로 지하수를 오염시킨다. 강철 도관은 부식에 의해 누출을 발생시킨다. 이와 같은 도관들은 원유, 가솔린, 연료유류, 액화 원유 가스, 액화 천연가스, 제트 연료, 디젤 연료, 경유 그리고 암모니아 등을 누출할 수 있는 것으로 알려져 있다.

2.3.3.2. 물질운송 및 이동

물질운송 및 이동은 주요 교통로와 관련 적재 설비와 함께 트럭과 기차에 의한 생산품과 폐기물의 이동에 의해 발생한다. 유출은 사고 혹은 잘못된 장비의 사용에서 발생할 수 있다. 다양한 종류의 물질들이 이런 식의 유출에 의해 환경에 방출된다. 이와 같은 유출물을 정화하기 위해서는 경험이 많고 잘 훈련된 인력과 적절한 장비가 필요하다. 부적절한 조치는 유출문제를 더욱 심화할 수 있다.

2.3.4. 계획된 유출원

2.3.4.1. 관개

작물에 관개를 할 때 일반적으로 필요한 증발산량보다 더 많은 양의 물을 공급한다. 여기에서 발생하는 과잉 공급수는 토양에서 지하수면으로 침투하게 되는데, 이 과정에서 비료나 농약과 같이 토양에 살포된 화학물질을 이동할 수 있다. 또한 토양수의 증발로 인해 관개수에 운반된 염분이 농축되어 토양과 얕은 지하수의 염도가 일시적으로 증가할 수 있다.

2.3.4.2. 농약의 사용

잡초, 곤충, 균류, 진드기, 선충 등의 해충을 방제하기 위해 작물에 화학물질이 사용된다. 게다가 화학물질은 잎이 건조되어 떨어지지 않게 하고 작물이 고르게 자라게 하기 위해서도 사용된다. 1982년 미국에서는 약 5억 5,200만 파운드의 화학물질이 작물에 사용되었으며, 2억 8천만 에이커의 땅에 농약이 사용되었다.

농약의 사용은 지하수 오염에 대해 매우 큰 잠재성을 가지고 있다. 토양에 사용된 농약은 토양을 통과하여 지하수면까지 이동할 수 있다. 오늘날 사용되는 농약은 어느 정도 범위에서는 생분해된다. 하지만 그 분해된 물질들 역시 지하수에서 발견되고 있다. 오염에 대한 잠재성은 농약이 혼합 준비되는 부지에서, 분사장비에 적재될 때와 장비가 사용된 후에 세척될 때 더욱 크다. 이러한 지역의 토양은 농약이 작물에 살포된 토양보다 훨씬 더 많은 농약의 부하를 받게 된다. 항공기를 이용하여 농약을 분사하는 경우에는 고르지 않은 살포를 가져온다. 65% 이상의 농약은 항공기에 의해 분사된다. 또한 항공기의 세척 시 사용된 오수는 처리에 있어서 특히 문제가 된다.

아트라진(제초제)은 옥수수 재배 시의 잡초 제거를 위해 폭넓게 사용된다. 1985년에 미국 위스콘신 주의 3,300만 에이커의 농장들에서 아트라진을 사용하여 옥수수를 재배하였다. 위스콘신 주의 지하수에 대한 아트라진의 조사는 그것이 사용된 지역에서 오염이 발생한다는 것을 보여 준다. 농약(혼합) 준비 지역과 하천 저지대의 모래에 최고 3.5ppb의 농도가 나타났다.

2.3.4.3. 비료의 사용

대부분의 농업활동에서 질소, 인, 칼륨 등을 포함한 비료를 사용한다. 인은 토양 속에서 이동성이 매우 좋지는 않으므로 지하수 오염에 있어 심각한 문제가 되지 않는다. 칼륨은 사용률이 보통 낮으며 이동성이 있음에도 불구하고 독성이 없으므로 지하수 오염 문제의 주된 요인으로 지목되지 않는다. 하지만 비료에서 발생한 질소는 질산염과 같은 질산성 질소를 발생시켜 인체에 유해한 청색증을 유발시키므로 주된 지하수 오염 물질이 된다.

2.3.4.4. 농장의 가축 배설물

농장에서 발생하는 가축 배설물은 박테리아, 바이러스, 질소, 염소 등으로 지하수를 오염할 잠재성이 있다. 열린 공간에서 방목되는 가축들은 배설물을 넓은 지역에 흩어놓기 때문에 환경오염에 대한 잠재성이 낮다. 제한된 좁은 지역에서 사육되는 가축들은 헛간이나 앞마당, 사육장 등에 배설물을 집중해 놓는다. 이런 배설물에 빗물이 스며들면 오염물질들은 이동할 수 있게 되어 토양 혹은 지하수에까지 도달할 수 있다. 대형 사육시설은 보통 오수 처리 시설을 갖추고 있는데 반해 농장의 분뇨는 비료처럼 땅에 뿌려질 수도 있다.

2.3.4.5. 도로의 해빙제

눈이 많이 내리는 지역의 경우 도심의 도로, 지방고속도로, 고속도로 등의 결빙을 막기 위해 염류를 사용한다. 주된 제빙용 염류는 주로 염화나트륨으로 구성된 염석(rock salt)이다. 염류의 이용을 개선하기 위한 부가물질로 페릭 페로사이나이드(ferric ferrocyanide)와 나트륨 페로사이나이드(sodium ferrocyanide)를 포함하기도 한다. 크롬산염과 인산염이 염류의 부식을 감소하기 위해 첨가되기도 한다. 염류와 그 첨가물들은 결국에는 강우에 의한 도로 표면에서의 유출로 인하여 지하수에 도달할 수 있다.

2.3.4.6. 도심유출

강우발생시 도심지역의 강우는 농촌지역에 비해 전형적으로 높은 하천 유출량을 초래하는데, 이는 도시화로 인하여 도심지역에 불투수성 지표면이 많이 존재하고 있어 지하 침투가 낮게 나타나고 그로 인하여 지표유출이 높게 나타나기 때문이다. 게다가 도심 유출수에는 다량의 자동차 배출물과 유류가 녹아 있고,

가정에서 사용된 폐기물, 애완동물의 배설물 등이 포함되어 있다. 대부분의 경우 도심의 유출수는 하천과 같은 지표수계로 이동되지만 하수관거에 누출이 일어날 경우 지하수로 유입될 수도 있다. 이것은 도심 지역의 지하수질을 악화시킨다.

2.3.4.7. 대기오염물질의 침투

대기의 오염물질은 건조된 상태 또는 용해되거나 강우에 포함된 입자 형태로 지면에 도달한다. 오염원은 자동차 배출물, 발전소의 굴뚝, 소각로, 주물사 그리고 공장 등을 포함한다. 또한 오염물질은 탄화수소, 합성유기 화합물, 자연유기 화합물, 중금속, 황, 질소화합물 등을 포함한다. 강우에 의한 침투수는 이들을 토양과 지하수로 이동할 수 있다.

2.3.4.8. 광산배수

표면과 지하의 채굴은 자연적인 지하수 흐름을 교란하고 황철광을 포함한 암석을 산소가 포함된 물에 노출한다. 이것은 광산의 배출수를 산성수로 만드는 결과를 낳는다(그림 2.3.5). 산성 광산 폐수는 지표수와 지하수에 심각한 오염을 가져온다.

|그림 2.3.5| 광산배수(강원도 영월군 상동읍 상동광산배수)

2.3.5. 대수층으로의 오염물질 전달원

2.3.5.1. 우물 건설

우물은 기름, 가스, 지열에너지, 그리고 지하수의 생산을 위하여 건설된다. 오염물질은 우물을 파는 도중에 지중으로 들어갈 수 있다. 부적절하게 시공된 우물, 녹이 쓴 우물파이프, 부적절하게 폐기된 우물 등은 지표면의 오염물질이 지중으로 들어가게 하거나, 한 대수층에서 다른 대수층으로 오염물질이 이동하게 하는 원인이 된다. 가정에서는 지붕에 고인 물과 지하실에 고인 물을 폐기된 우물에 버리는 경우가 있다. 그리고 오래된 우물은 쓰레기 처분장이 되기도 한다.

2.3.5.2. 우물 모니터링과 탐사시추

많은 수의 조사용 우물이 매년 건설되고 있다. 광물 조사와 건축 설계를 위한 탐사시추의 경우도 있다. 이들 우물과 시추공들은 일반 우물과 마찬가지로 지표면 오염물질의 지중유입과 대수층간 오염물질의 이동 원인이 되고 있다.

2.3.5.3. 굴착시공

건설 활동 중에는 암반의 토양을 걷어 내야 하는 경우가 있는데, 이는 암반 대수층에 존재하는 지하수를 오염으로부터 보호하는 자연적인 보호막을 없애는 결과를 초래한다. 도시의 유출수는 열려 있는 기초 굴착공에 모이게 되는데, 이는 지표수의 대수층 내 유입의 원인이 된다.

2.3.6. 자연 발생원

2.3.6.1. 지하수 - 지표수 간의 상호이동

어떤 대수층은 지표수의 수위가 지하수위보다 높아질 경우 지하수가 함양될 수 있다. 만일 지표수가 오염이 됐다면, 함양수에 의해 대수층도 오염될 수 있다. 지표수가 하천 하부의 충적층을 지날 때 여과작용에 의해서 오염물질이 흡착되고, 제거되는 경우(이를 강변 여과라 함) 예외적이기는 하나, 하천 주변의 우물들은 수위강하구역을 형성하여 지표수가 지하수로 유입되게 한다. 이때 오염물질이 대수층으로 유입되게 된다(그림 2.3.6).

|그림 2.3.6| 지하수-지표수간의 상호 이동으로 인한 지하수오염

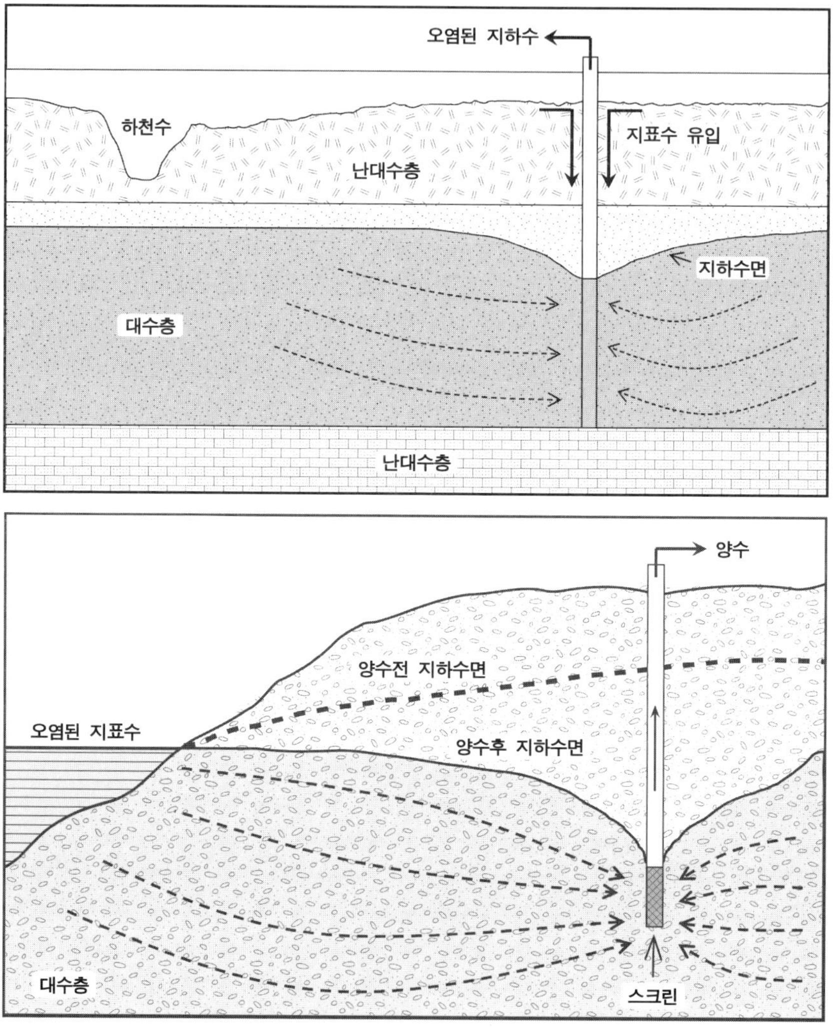

2.3.6.2. 자연적인 침출

지하수에 녹아 있는 미네랄은 광물과 토양의 자연적인 침출에 의한 것이다. 자연적으로 만들어지는 지하수에는 10,000 - 100,000mg/l의 고형물이 녹아 있다. 그리고 다양한 음이온과 양이온들이 무시할 수 없는 농도로 존재하고 있다. 인간 활동에 의해서 생기는 산성비는 우수의 침투를 증가시켜, 암반이나 토양의 침출을 증가시킨다.

2.3.6.3. 염수의 유입

해안 대수층에서의 담수공급 개발은 지하수위를 낮추게 되는데, 이때 바다에서 발생한 염분성 지하수가 육지 방향으로 이동하게 된다. 염수와 담수의 혼합은 우물의 영향면적이 염수를 포함한 대수층의 영향면적과 겹칠 경우에도 발생한다(그림 2.3.7). 염수의 유입이 예상되는 곳에서의 우물개발은 담수의 양을 최대화하는 것과 동시에 염수의 유입을 최소화하고, 그 밖의 다른 유해한 효과를 최소화하는 방향으로 계획하여 수행해야 한다.

|그림 2.3.7| 염수의 유입으로 인한 지하수오염

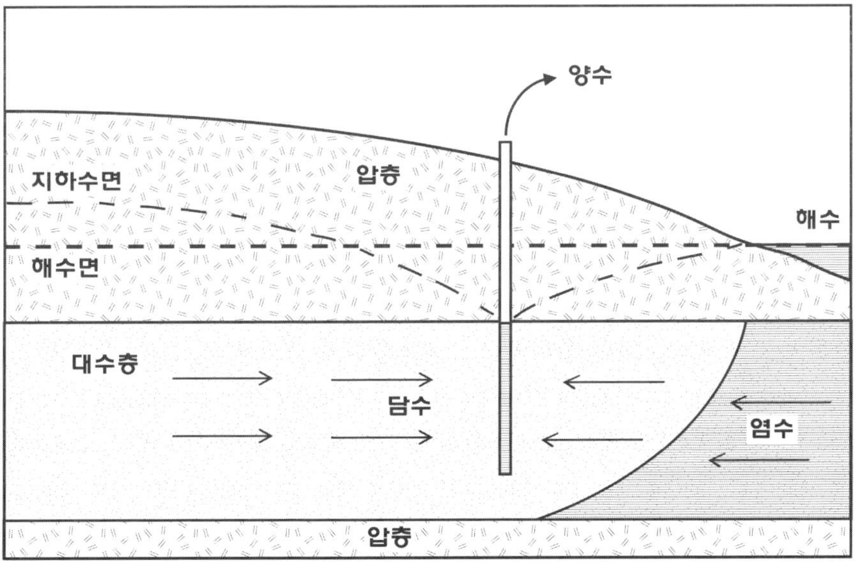

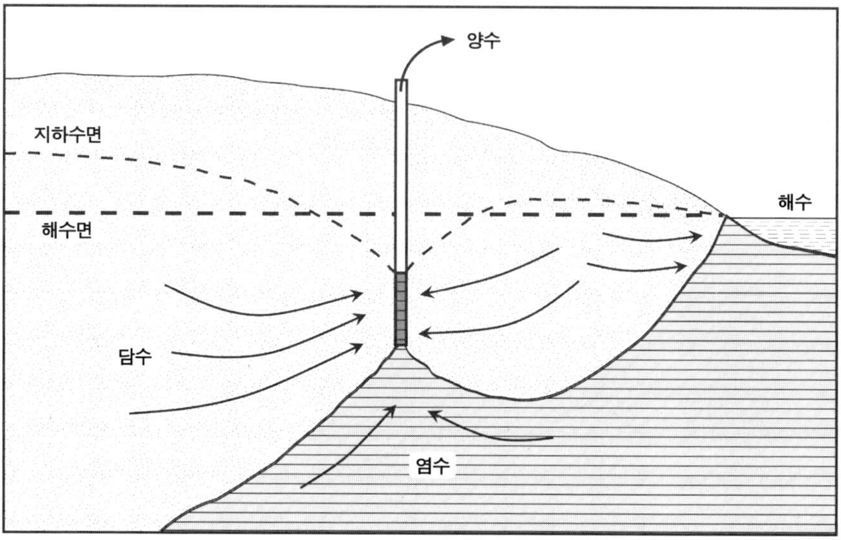
양수
지하수면
해수
해수면
담수
염수

제 3 장 유기오염물질

원유는 수백 혹은 수천의 탄화수소를 함유하고 있는 매우 복잡한 혼합물이다. 일반적으로 원유 속에 함유된 혼합물은 포화탄화수소, 방향족탄화수소, 극성유기화합물의 세 가지로 분류된다. 포화탄화수소는 좀 더 세부적으로 직렬사슬과 가지형, 고리형 포화탄화수소로 나뉜다. 방향족탄화수소는 하나 또는 그 이상의 방향족 링을 포함하는데, 벤젠이나 톨루엔과 같이 하나의 링을 함유한 단일 방향족화합물과 파이렌(pyrene)과 같이 다중 방향족화합물로 구성된다. 극성유기화합물은 질소, 황, 산소와 같은 이종 원자를 갖고 있는 화합물로 구성된다.

정제된 석유 역시 복잡한 혼합물이다. 예를 들어, 등유는 1만여 개의 서로 다른 탄화수소를 함유하고 있다. 다른 석유 생산물도 이러한 복잡성을 갖는다. 미생물이 석유를 완전히 분해하거나 또는 정제된 석유를 공격하기 위해서는 수천 가지의 다른 화합물을 신진대사에 이용해야 한다. 이러한 석유 구성물질의 화학적 특성은 간단한 n-파라핀, 단일 지방족 고리화합물, 단일 방향족화합물에서부터 더욱더 복잡한 가지형 사슬과 농축된 고리구조까지 다양하다. 이러한 화합물들을 생분해하기 위해서는 많은 효소들이 필요할 것이다.

이러한 화합물의 생물학적 대사에 관여하는 주요 생화학적 반응에는 알킬화 반응, 탈알킬화 반응, 아미드 혹은 에스테르의 가수분해, 산화, 환원, 고리의 끊어짐, 구성물의 결합 등이 포함된다. 미생물의 분해활동은 금속, 황 그리고 다른 작용기에서 시작되어 탄소와 탄소 결합을 끊는 과정으로 진행되며, 무거운 석유화합물의 분해까지 이어진다.

복원과정의 초기단계로서 오염된 지하 토양에 있는 석유의 탄화수소의 감별은 형광측정법에 의해서 유도된 X선 투과계가 있는 광학섬유를 이용하여 오염물질을 확인함으로써 이루어진다. 이 시스템은 현장에서 실시간으로 50m깊이까지의 유류 탄화수소의 오염도와 토양의 종류를 측정할 수 있다.

유기 화합물의 생분해성을 측정하는 일반적인 방법은 BOD/COD의 비율을 측정하는 것이다. 이것은 얼마만큼의 분해가 일어났는지(생화학적 산소요구량)와 얼마만큼의 분해 가능한 물질이 있는지(화학적 산소요구량)의 상대적인 비율을 나타내는 지표이다. 이 비율이 높으면 상대적으로 높은 생분해성을 나타낸다. 이 비율이 영에 가까워질수록 화합물의 분해성은 감소한다. 난분해성 화합물은 미생물에 의한 처리가 더욱 어렵다.

많은 종류의 미생물이 생분해에 관여하는데, 산소를 필요로 하는 미생물에서부터 혐기성 상태에서 반응하는 미생물까지 다양하다. 토양 오염물의 생분해성과 가능한 생물학적 복원 처리법에 관한 신속하고 믿을 만한 정보를 제공하기 위하여 데이터베이스가 개발되었다. 이 데이터베이스는 생물학적 복원에 관여하는 사람들에게 토양의 오염물의 생분해에 관한 과학적 정보의 전달을 촉진하기 위해 만들어졌다. 데이터베이스의 정보는 생분해와 관련된 국제적 출판물로부터 얻어진다.

3.1. 호기성 분해물질

어떤 화합물은 호기성 상태에서만 분해가 일어나는가 하면, 다른 화합물들은 혐기성 상태에서만 분해가 일어난다. 또 다른 화합물은 호기성 상태와 혐기성 상태 모두에서 분해가 일어나며, 일부 화합물들은 전혀 분해가 일어나지 않는다. 탄화수소 화합물은 호기성과 혐기성 상태 모두에서 분해가 일어나는 것으로 알려져 있다. 불용성 탄화수소의 초기 단계 생분해는 압도적으로 호기성 반응이 우세적이고, 이어서 유기탄소함유량이 혐기성 반응에 의해서 감소한다.

대부분의 화합물에서 빠르고 완전한 분해는 호기성 상태에서 발생한다. 유류탄화수소, 방향족화합물, 할로겐방향족화합물, 다중방향족 탄화수소, 페놀, 할로겐페놀, 바이페닐(biphenyl), 유기인산, 그리고 대부분의 살충제 및 제초제의 분해는 일반적으로 호기성 생분해기술이 가장 적합하다고 할 수 있다. 몇몇 저분자량 할로겐 탄화수소의 경우 메틴가스를 주요 기질로 한 호기성 생분해 기술이 유망하다.

미생물은 자연 상태에서 존재하는 방향족 화합물을 분해할 수 있는 이화작용 효소를 갖고 있다. 방향족 탄화수소의 산화과정에서 산소는 방향족 고리의 수산화 반응과 분열에 중요한 역할을 한다. 박테리아는 두 개의 산소원자를 탄화수소에 넣은 후에 다이하이드로롤(dihydrodiol)이라는 중간 생성물을 만든다. cis-다이하이드로롤은 수산기 그룹들이다. 다이하이드로롤의 산화는 방향족 고리의 효소 분해물인 케티콜(catechol)을 형성한다. 반대로, 일부 균류와 고등생물은 하나의 산소분자의 원자 한 개를 방향족 탄화수소에 결합하여 아르엔(arene)산화물을 형성하는데, 효소에 의해 물이 이 산화물에 추가되어 trans-다이하이드로롤을 생성한다.

환경으로부터 산소획득은 산화효소의 활동을 필요로 한다. 초기의 탄화수소의 분해에 필요한 산화효소는 전형적인 유도성 효소이지만, 이러한 유도는 때때로 산화되는 기질 이외에 물질들에 의해 이루어진다. 산화효소는 다음과 같이 분류된다: 1. α-옥시제네이즈(oxygenase); 2. 다이옥시제네이즈(dioxygenase); 3. 하이드록실레이즈(hydroxylase); 4. 시토크롬(cytochrome)산화효소.

효소에 의한 고리의 분열이 일어나기 위해서는 두 개의 수산기가 반드시 방향족 고리에 존재해야 한다. 수산화기는 오르쏘(ortho), 파라(para)형태로 존재할 수 있다. 이어지는 대사과정은 미생물과 고리분열 지점에 따라 달라진다. 인간에 의해 만들어진 물질은 자연 상태에서 존재하는 화합물과 유사한 구조를 가진 경우에, 이들 효소들에 의하여 분해된다.

수많은 지방족과 방향족 구조를 가진 화합물의 분해에 관한 신진대사 경로가 알려져 있다. 알칸의 일반적인 분해과정에는 알코올, 알데히드, 그리고 지방산의 순차적인 형성과정이 관여한다. 이어서 지방산이 분해되어, 이산화탄소를 방출하고 두 개의 탄소를 가진 모분자보다 짧은 새로운 지방산을 형성한다. 이 과정은 β-산화로 알려져 있다. 초기 효소의 공격에는 산화효소라는 효소군들이 관여한다. 방향족 탄화수소의 분해에는 일반적으로 다이올(diol)을 형성하는 고리구조의 cis-수산화 반응을 포함한다. 이 고리는 산화효소에 의해서 분열되고, 뮤코닉(muconic)산과 같은 다이카복실(dicarboxylic)산을 형성한다.

치환된 방향족화합물의 분해는 일반적으로 측면사슬의 β-산화에 의해서 일어나고, 고리구조의 분열이 이어서 발생한다. 벤젠의 경우 간단한 알킬치환은 일반적으로 분해율을 증가시키지만, 과다한 알킬치환은 분해를 억제한다. 이러한 현상은 또한 다중방향족 탄화수소에서도 일어난다. 측면사슬이 존재하는 경우 산화는 대개 고리의 바로 옆 지점에서 일어나지만, 한 지점 이상에서 일어나기도 한다. 복합 기능 산화효소는 활동효소로서 아르엔 산화물을 형성한다. 이 산화물은 페놀화합물을 형성하거나 물이 추가되면 다이올을 형성하는데, 이 다이올은 다이올에폭사이드(diolepoxide)로 더 산화된다. 이것은 DNA와 결합하기 때문에 유력한 발암물질이다. 비록 경로에 대하여 아직 정확히 밝혀지지 않았지만, *Pseudomonas*, *Beijerinckia* 그리고 *Nocardia*은 이 화합물을 더 분해할 수 있는데, 한 번에 한 개의 페놀 고리를 분해한다.

화합물의 분기는 알칸의 분해율을 감소한다. 이것은 또한 탄화수소의 분해와 관련된 대사경로를 변화시킨다. 일부 긴 사슬의 알칸은 부말단 산화(subterminal oxidation)와 같은 다른 대사경로를 통해서 분해된다.

기름유출현장에서 탄화수소의 분해절차는 분해미생물의 생태적 천이에 의해 결정될 수 있다. 증식이 빠른 n-알칸 분해자는 n-알칸이 소진되기까지 쉽게 분해되지 않는 물질을 영양물질로 하여 천천히 번식하는 분해자보다 우세하다. 그리고 이 미생물들은 증식속도는 느리지만 난분해성 탄화수소를 분해할 수 있는 미생물로 대체된다.

다음은 탄화수소의 상대적인 생분해 정도를 감소하는 순서로 나타낸다. (1) 선형알칸($C_{10}-C_{19}$), (2) 선형알칸($C_{12}-C_{18}$), (3) 가스(C_2-C_4), (4) 알칸(C_5-C_9), (5) 가지형 알칸(C_{12} 까지), (6) 알켄(C_3-C_{11}), (7) 가지형 알켄, (8) 방향족, (9) 환형알칸. 이들 물질에서 자랄 수 있는 미생물의 수는 위의 순서대로 감소한다.

탄화수소 물질의 더 큰 분자로의 증대 또한 보고되어 있다. 몇몇 기름의 경우, 미생물의 활동과정에서 매우 긴 사슬형 알칸과 에스테르가 생성되기도 한다. 이들은 효소공격에 대해 매우 저항성이 높고 난분해성 타르물질의 형성에 중요한 역할을 담당한다.

여러 미생물의 종과 균주에 대하여 탄화수소 분해경로의 다양성 때문에 일어날 수 있는 모든 종류의 기작과 반응을 정리한다는 것은 매우 어렵다. 가솔린과 같은 물질에서 가장 중요한 지방족 탄화수소는 알칸과 지환식인데, 이들은 분해경로와 생분해에 대한 민감성에서 중요한 차이점을 나타낸다.

3.1.1. 알칸의 분해

알칸(alkane)은 완전 포화탄화수소이다. 즉, 탄소-수소와 탄소-탄소의 단일결합만을 가지고 있다. 알칸의 구조적 다양성은 많은 이성질체를 통해 알 수 있지만 제한된 수의 이성질체들만이 많이 나타날 뿐이고 n-알칸과 가지형 알칸만이 중요한 환경적 오염물질이다.

하수슬러지 개량토양에 존재하는 석유 지방족탄화수소의 운명에 대한 연구에서 n-알칸은 무생물학적 및 생물학적 처리에 의해 소실된다는 것이 알려졌는데,

전자의 처리방법은 짧은 사슬형 알칸에 더욱 효과적이다.

n-알칸은 가장 광범위하고 쉽게 이용되는 탄화수소로, C_{10}과 C_{25}사이의 것이 미생물의 기질로써 가장 알맞다. n-알칸은 기름성분 중에서 미생물의 공격에 가장 민감하다. 분해 과정은 지방산의 분해와 유사하다.

알칸의 산화는 한쪽 종단(terminal)에서 일어나는가 양쪽 종단(diterminal)에서 일어나는가로 구분된다. 이 용어들은 최초의 파괴가 종단의 탄소원자에서 일어난다는 것을 가리킨다.

사슬길이가 C_6보다 긴 경우 약 C_{11}에서 C_{12}까지 분해가능성이 일반적으로 증가한다. 사슬길이가 길어짐에 따라 알칸 분자의 물에 대한 용해도는 감소한다.

3.1.1.1. 가지형과 고리형 알칸의 분해

가지형 알칸인 아이소알칸(isoalkane)은 성장기질로서 n-알칸보다 일반적으로 하위이지만(특히 가지형태가 심한 경우), 많은 미생물에 의해 생분해가 가능하다. 적은 수의 메틸이나 에틸 사슬은 생분해도를 급격히 감소하지는 않지만, 복잡한 가지사슬, 특히 말단 가지는 분해가 어렵다. 가지의 위치도 생분해도에 영향을 미친다.

고리형 알칸은 직렬사슬형 알칸보다 미생물의 공격에 대해 더욱 저항적이고 높은 독성을 가지고 있다. 이것은 아마도 초기 산화를 위해 노출된 말단 메틸기가 없기 때문이다. 홉판(hopanes)과 같은 복잡한 지환성 화합물은 환경에 유출된 석유성분 중 가장 지속성이 높은 화합물이다. 방향족탄화수소의 박테리아 분해는 페놀릭 다이올(phenolic diol)의 형성과 쪼개짐 그리고 cis-이중산(diacid)의 형성을 포함한다. 가벼운 방향족탄화수소는 용해된 상태에서 미생물에 의해 분해된다. 농축된 고리구조의 방향족화합물은 단환(monocyclic)구조의 화합물과 비슷한 대사경로에 의해 분해되지만, 비교적 효소의 공격에 대한 저항성이 높다.

3.1.2. 알켄의 분해

알켄(alkene)은 불포화화합물로서 탄소-수소결합에 덧붙여 한 개 또는 그 이상의 탄소-탄소 이중결합을 갖고 있다. 불포화 1-알켄은 일반적으로 알칸에 사용된 동일한 기작에 의해 분자의 포화말단에서 산화된다. 다른 부차적인 경로는 에폭사이드를 거쳐 진행되는 것으로 알려졌는데, 이 에폭사이드는 결국에는 지방산으로 변환된다. 비슷한 양의 분해가 일어나는 경우, 1-알켄의 결합길이는 상응하는 알칸보다 반드시 길어야 한다. 많은 미생물들이 C_{12}보다 짧은 1-알켄에서는 더 자라지 않는다. 2-알켄이 1-알켄보다 더 쉽게 공격을 당하기 때문에, 각 분자의 양 끝에 존재하는 메틸기는 알켄이 많은 미생물에 의해 분해가 가능하게 만든다.

3.1.3. 방향족화합물의 분해

방향족탄화수소는 일반형 알칸이나 가지형 알칸만큼 쉽게 생분해되지 않지만, 지환성탄화수소보다는 더 쉽게 분해된다. 호기성 및 혐기성 조건에서 방향족화합물의 대사과정은 다섯 단계로 구별할 수 있다. (1) 이동기작에 의한 세포내 진입, (2) 측면사슬에 대한 조작과 고리절단을 위한 기질형성, (3) 고리절단, (4) 고리절단에 의한 생성물을 변화할 수 있는 중간생성물로 전환, (5) 변화할 수 있는 중간생성물의 이용.

3.1.3.1. 단핵방향족탄화수소와 부산물

치환된 탄화수소인 **페놀**은 다른 방향족탄화수소의 분해산물일 수 있다.

페놀은 *Pseudomonas putida*나 효모에 의해 캐티콜(catechol)을 거쳐서 유일한 탄소원으로 이용된다. *Acinetobacter calcoaceticus*는 페놀과 많은 다른 방향족탄화수소를 분해할 수 있다.

|그림 3.1.1| Phenol

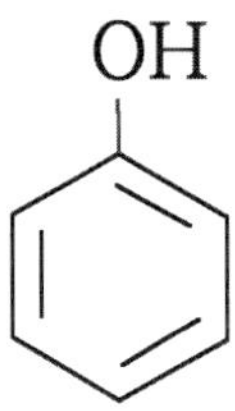

|그림 3.1.2| Benzene

용존성 산소의 이용성은 **벤젠**의 생분해에 있어서 절대적인 요소이다. 벤젠이 분해가 일어나기 위해서는 일정량 이상의 미생물이 필요하다. 벤조에이트와 페닐알라닌과 같은 화합물은 벤젠 분해자를 우선적으로 선택하기 위해 첨가된다. 많은 토양미생물군 중에 단지 0.5%만이 벤젠을 유일한 탄소원으로 이용하는 것으로 보고되었다.

물과 토양에 벤젠을 분해할 수 있는 미생물이 있지만 치환되지 않은 방향족 핵은 상대적으로 미생물의 공격에 저항성이 있는 것으로 보인다. 여러 벤젠의 분해자의 예가 보고되었다. *Pseudomonas rhodochrous*와 *Pseudomonas aeruginosa*는 캐티콜과 cis, cis-뮤코닉산을 거쳐서 벤젠을 분해할 수 있다. 톨루엔을 유일한 탄소원으로 사용하는 *Pseudomonas putida* 현탁액은 벤젠을 산화시킬 수 있다. *Phanerochaete chrysosporium* 균류는 질소가 풍부한 배지에서 가솔린과 항공기연료에서 발견되는 벤젠을 분해할 수 있다.

용존산소는 톨루엔의 분해에 있어서 중요하다. 톨루엔의 반감기는 10,000 시간보다 훨씬 크다. 톨루엔은 2가지 형태로 분해된다. (1) 순간적인 벤젠 핵의 수산화 반응과 고리의 분열 및 (2) 메틸기의 산화와 연이은 수산화 반응 및 고리의 분열이 그것이다. *Pseudomonas aeruginosa*는 톨루엔을 산화시킬 수 있다.

톨루엔은 *Pseudomonas*와 *Achromobacter*에 의해서 3-메틸-캐티콜로 변환된다. 자일렌에서 자란 미생물도 역시 톨루엔을 산화시킨다. 톨루엔은 *Pseudomonas*과 *Achromobacter*에 속한 다른 종에 의해서도 분해된다. 몇몇 토양 박테리아는 톨루엔을 유일한 탄소원으로 이용한다. 균류 *Phanerochaete chrysosporium*은 질소가 풍부한 배지에서 가솔린과 항공기연료에 있는 벤젠, 톨루엔, 에틸벤젠, 자일렌(BTEX)을 분해할 수 있다.

|그림 3.1.3| Toluene

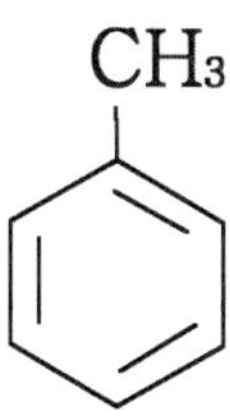

|그림 3.1.4| Xylene, ortho

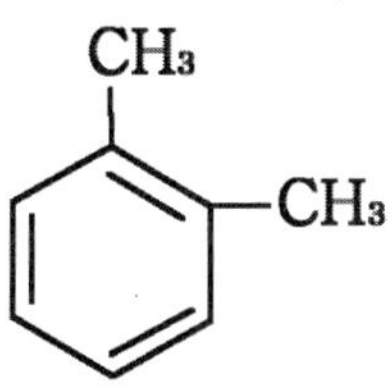

박테리아의 방향족화합물에 대한 이용능력은 유도될 수 있는 현상이다. 풀빅(fulvic)산은 톨루엔의 농도가 매우 낮을 경우 필요한 효소를 유도하여 톨루엔의 분해를 촉진하기 위하여 첨가될 수 있다. 톨루엔의 생분해성과 미생물의 분해능은 트윈(Tween)-80과 같은 인공 계면활성제를 가함으로써 증진될 수 있다. 그러나 트윈-80은 톨루엔의 생분해성뿐만 아니라 자연유기물질의 생분해성을 증진하여 영양물질과 미생물 대사에 대한 경쟁을 유발한다.

생분해가 일어나기 위해서는 미생물이 일정량 이상 존재해야 한다. 영양물질과 전자수용체의 조건이 적당하더라도 미생물의 양이 충분하지 않으면 벤젠과 같이 쉽게 분해되는 물질의 분해가 지연된다.

자일렌의 생분해에 있어서 가장 중요한 요소는 용존산소이다. 세 가지 자일렌 이성질체는 호기성과 혐기성, 탈질화 조건에서 유일한 탄소와 에너지원으로서 박테리아에 의해 사용될 수 있다. p-자일렌와 m-자일렌은 동일한 속도로 분해되지만 ortho 이성체보다는 빠르게 분해된다. *Pseudomonas putida*는 p-와 m-자일렌의 방향족 고리를 직접적으로 산화시킬 수 있다.

o-자일렌의 o-톨루엔으로의 산화는 *Nocardia*에 의해 공동산화(co-oxidation)형태로 일어나는 것으로 보고되었다. *Pseudomonas*에 속하는 한 종은 톨루엔이 존재하는 곳에서 p-자일렌에서 자란다. *Phanerochaete chrysosporium* 균류는 질소가 풍부한 배지에서 자일렌을 분해한다.

긴 사슬형 **알킬벤젠**은 말단 메틸기에서 산화된다. 알킬 사슬의 길이가 증가할수록 치환기가 분자의 중요한 부분이 된다. 이 화합물은 실질적으로 치환된 벤젠이라기보다는 치환된 알칸으로 간주된다. n-알킬벤젠은 또한 효모에 의해서도 분해가 된다.

BTEX(벤젠, 톨루엔, 에틸벤젠 그리고 자일렌)은 호기성 상태에서는 급속도로 분해되지만 낮은 용존산소 농도에서는 분해되지 않고 지속된다.

Phanerochaete chrysosporium 균류는 질소가 풍부한 배지에서 가솔린과 항공유에 포함되어 있는 오염물질인 BTEX를 분해한다. 톨루엔을 탄소원으로 이용하는 *Pseudomonas putida* 현탁액은 벤젠, 톨루엔, 에틸벤젠을 동일한 속도로 분해한다.

〈표 3.1.1〉 BTEX의 기본 성질

Name	Structure	Molecular weight	Solubility in water (mg/l)	Soil-water partition coefficient
Benzene		78.11	1780	97
Toluene	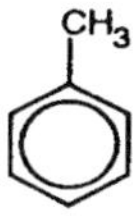	92.1	500	242
Xylene, ortho	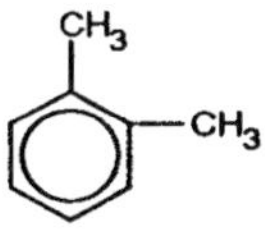	106.17	170	363
Xylene, meta	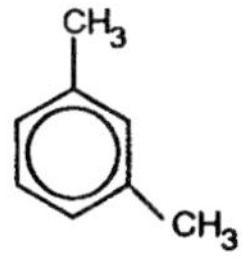	106.17	173	182
Xylene, para		106.17	200	331
Ethyl benzene	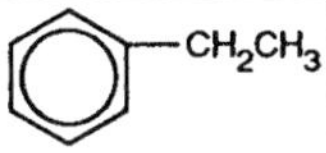	106.17	150	622

3.1.3.2. 다핵방향족탄화수소

다환방향족탄화수소는 다핵방향족이라고도 불리며, 두 개 또는 그 이상의 벤젠고리가 선형, 각, 다발을 이루고 있는 유해한 유기화합물들로 구성되어 있다. 미국 환경보호청은 다환방향족탄화수소가 발암물질과 돌연변이 유도물이라고 알려진 이후부터 다환방향족탄화수소를 중요 오염물질로 지정하였다. 다환방향족탄화수소는 소수성이고 물에 잘 녹지 않으며 환경에서 쉽게 분해되지 않는다. 이들 물질의 분자량은 178－300 범위를 갖는다. 다환방향족탄화수소의 친유성(liphophilicity), 환경에서의 지속성, 그리고 유전자독성은 분자의 크기가 벤젠고리 4개 또는 5개까지 증가함에 따라 증가한다. 환경에서 다환방향족탄화수소의 주요한 오염원은 유류물질이다.

다환방향족탄화수소로 오염된 토양의 복원에서 80% 정도의 다환방향족탄화수소가 공기 가압에 따른 물리적 또는 화학적인 요소에 의하여 사라진다. 그러나 안쓰라센(anthracene)과 펜안쓰렌(phenanthrene)의 분해에 있어서는 생물학적 복원법이 효과적이다. 다환방향족탄화수소는 산화, 광분해, 가수분해, 휘발, 생물축적, 토양흡착 및 용탈이 가능하지만, 미생물에 의한 분해가 다환방향족탄화수소의 정화에 있어서 가장 중요한 과정이다.

미생물은 다환방향족탄화수소를 전체적으로 또는 부분적으로 분해하는데, 이때 개체적으로 또는 군집으로 작용한다. 그러나 고분자량의 다환방향족탄화수소는 제한된 미생물에 의해서만 분해된다. 무생물적인 분해과정은 두 개와 세 개의 고리를 갖는 다환방향족탄화수소에는 중요하지만 세 개 이상의 고리를 가진 다환방향족탄화수소에는 적합하지 않다.

박테리아, 사상균, 효모, 시안박테리아(cyanobacteria), 규조류 그리고 조류는 나프탈렌에서 벤조피렌 정도의 크기를 갖는 다환방향족탄화수소를 산화시킬 수 있는 효소능력를 가지고 있다. 미생물, 박테리아, 그리고 시안박테리아는 균류, 조류와 다른 경로로 생물학적 분해가 일어나지만, 모두 분해에 있어서 산소가 포함된다. 박테리아는 다이옥스에탄(dioxethanes)를 형성하기 위해서 산화효소(dioxygenases)를 이용하여 두 개의 산소원자를 물질에 삽입한다. 이것이 cis-다이하이드로다이올(dihydrodiols)로 산화된 후 다이하이드록시(dihydroxy) 생성물을 만든다. 다환방향족탄화수소의 생물학적 분해에 있어서 속도를 제한하는 과정이 초기의 고리 산화이다. 박테리아와 대조적으로, 균류는 시토크롬 P-450 산화효소(monooxygenases)를 생산하여 물질에 산소원자 한 개를 결합하여 아르엔(arene) 산화물을 형성한 후, 효소작용에 의해 물을 가하여 trans-다이하이드로다이올과 페놀을 형성한다.

다환방향족탄화수소의 농도는 생분해에서 제한요소로 작용하지 않는다. 건조토양에서 5%의 벤조피렌은 토양 오염물질의 생분해에 영향을 미치지 않는다. 또한 다환방향족탄화수소를 포함하는 슬러지의 계속적인 주입 역시 탄화수소의 분해를 억제하지 않는다. 토양에 벤조피렌이 많이 있을수록 미생물의 분해능이 증가한다. 환경에서 조사된 다환방향족탄화수소의 무기화 반응 비율은 오염물의 잔존량에 의해서 결정된다.

환경에서의 염도는 다환방향족탄화수소의 생분해에 있어서 중요한 요소가 될 수 있다. 화합물의 생분해 속도는 일반적으로 환경의 염도에 영향을 받지 않는다. 그러나 일부 다환방향족탄화수소와 염도 사이에는 명백한 상관관계가 있다는 보고가 있다. 고염도인 곳에서는 미생물에 의한 다환방향족탄화수소의 무기화 속도가 떨어진다. 염도는 다환방향족탄화수소와 토양입자의 상호작용과 화합물의 용해도에 영향을 미칠 수 있다.

다환방향족탄화수소의 무기화는 시간, 온도, 탄화수소의 분자량 그리고 다환방향족탄화수소의 노출과 관계가 있다. 지표에서 다환방향족탄화수소의 처리에는 1－2년의 시간이 필요하다. 그러나 미생물의 농도가 높을 경우 시간은 단축될 수 있다.

다환방향족탄화수소는 호기성 조건, 수분, 영양물질, 미생물, 분해 가능한 유기물 등의 요소들을 조절하면 오염된 토양에서 분해될 수 있다. 토착 미생물이 있는 오염되지 않은 토양에서는 다환방향족탄화수소의 초기 분해 속도가 빠르다.

미생물의 활동이 활발하기 위해서는 토양의 함수율이 25－85% 정도가 되어야 하며, 다환방향족탄화수소 분해에는 30－90% 정도가 적합하다. 미생물은 일반적으로 pH 5.5－8.5에서 생존에 적합하며, 다환방향족탄화수소 분해에 있어서는 pH 7.5－7.8 정도가 최적이다. 50mV 이상의 산화 환원 전위에서는 호기성 생분해가, 50mV 이하의 산화 환원 전위에서는 혐기성 생분해가 일어난다. 호기성미생물의 경우 공극의 10－40%가 산소로 채워질 때 다환방향족탄화수소의 분해가 가장 잘 일어난다. 탄소 : 질소 : 인 비율의 경우 탄소 : 질소는 60 : 1이고, 탄소 : 인은 800 : 1일 경우 다환방향족탄화수소 분해에 최적이며, 온도는 30℃일 때 최적이다.

토양의 형태는 다환방향족탄화수소의 생분해에 큰 영향을 미친다. 일부 토양에서 다환방향족탄화수소의 분해가 잘 일어나지 않는데, 이는 다환방향족탄화수소의 흡착이 너무 잘 일어나 이용 가능성이 없어지기 때문이다. 다환방향족탄화수소는 소수성이므로 환경에 존재하는 다환방향족탄화수소는 우선적으로 토양입자에 붙게 된다. 유기탄소는 토양에서 다환방향족탄화수소의 흡착을 결정하는 중요한 요소이다. 유기탄소는 일반적으로 소수성 화합물에 강한 친화력을 갖고 있다. 토양 유기물에 의한 다환방향족탄화수소의 흡착은 생분해 속도를 느리게 한다.

소수성인 다환방향족탄화수소는 초기에 토양 표면의 소수성인 부분에 급속도로 흡착된다. 토양 유기 수용력이 포화되고 평형상태에 이르기까지 토양입자 안으로 느린 흡수가 일어난다. 토양 내부에 있는 부분은 생물학적으로 이용 불가능하며,

생물학적 분해가 일어나지 않는다. 이러한 사실은 분말활성탄이 함유된 사질 토양에서 수용성 벤젠의 흡착이 생분해에 미치는 영향을 연구한 보고(Kim et al., 2003a)에서도 나타났듯이 유기탄소에 의한 강한 비가역적 흡착이 수용성 벤젠의 생분해에 심각한 장애요인으로 작용하였다는 연구결과와 일치한다.

사질 토양에서 두 개의 고리를 가진 다환방향족탄화수소의 반감기는 2일 정도이다. 3개 고리의 다환방향족탄화수소인 안쓰렌과 펜안쓰렌의 반감기는 16일과 134일 정도이다. 일반적으로 4개, 5개, 6개 고리의 다환방향족탄화수소의 반감기는 200일 정도이다. 실험실에서 결정된 반감기는 현장에서 보다 상당히 작을 수 있다.

실트와 점토 입자에 붙어 있는 고분자량 다환방향족탄화수소의 생분해는 저분자량 다환방향족탄화수소에 의해서 증진될 수 있다. 예를 들면, 4개 고리의 다환방향족탄화수소는 나프탈렌에 의해서 보다 쉽게 분해될 수 있다. 미세한 토양 입자에 대한 다환방향족탄화수소의 흡착은 미생물의 성장과 활동을 제한하지 않는다.

생분해성과 물에 대한 용해도는 분자 내에 있는 고리의 개수와 반비례 관계에 있다. 고분자 다환방향족탄화수소는 저분자 화합물보다 분해가 잘 일어나지 않는다. 그러나 이러한 현상은 고분자 화합물이 용액에 낮은 농도로 존재하기 때문일 수 있다. 펜안쓰렌은 안쓰렌에 비하여 물에 대한 용해도가 크기 때문에 더 빨리 생분해된다. 박테리아의 성장 속도는 탄화수소의 용해도와 관련이 있기 때문에 나프탈렌과 펜안쓰렌은 용해된 형태로 분해된다. 사중고리(tetracyclic) 다환방향족탄화수소의 생분해 역시 물에 대한 용해도와 관련이 있는 반면에 오중고리(pentacyclic) 다환방향족탄화수소는 물에 녹지 않는다. 그러나 고리수와 분해 사이에는 일반적인 반비례 관계가 없다. 또한 삼중고리 화합물과 비교했을 때, 사중고리 화합물은 열역학적 안정성과 화학적 복잡성으로 인하여 효소의 분해를 더 어렵게 한다. 일반적으로 네 개 이상의 고리를 가진 다환방향족탄화수소는 수산화 반응과 고리의 분열 때문에 미생물에 의해 분해된다. 벤즈안쓰렌(benzanthracene) 및 벤조피렌(benzopyrene)과 같은 물에 녹지 않는 물질의 분해는 다환방향족탄화수소가 토양, 물 그리고 산화효소 활성 미생물의 성장을 자극하는 물질과 혼합되었을 때 일어난다.

〈표 3.1.2〉 다핵방향족탄화수소의 기본 성질

Name	Structure	Molecular Weight	Solubility in Water (mg/l)	Soil-water partition Coefficient
Naphthalene	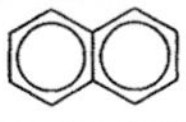	128.16	31.7	1300
Aenaphthene		154.21	7.4	2580
ancenaphthylene		152.2	3.93	3814
Fluorene	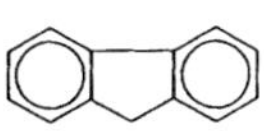	166.2	1.98	5835
Fluoranthene	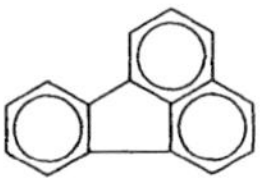	202	0.275	19,000
Phenanthrene	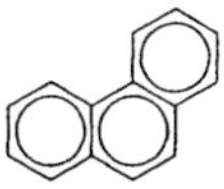	178.23	1.29	23,000
Anthracene	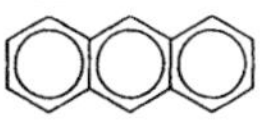	178.23	0.073	26,000

미생물은 비용해성 기질의 입자에 흡착될 수 있고, 화학적 계면활성제의 첨가는 다환방향족탄화수소의 용해성을 증진시키고 이용성의 비율을 높일 수 있다.

3.1.4. 지방족화합물의 분해

3.1.4.1. 가지사슬형 지방족화합물

매우 적은 양의 미생물들만이 이 화합물을 이용한다. 산화효소가 가지사슬형 화합물을 이용할 수 없기 때문이다. 단일 가지형 알칸의 산화로부터 생성된 지방산은 세포의 지방에 포함된다. 이어서, 순차적인 산화가 보통 산화 경로에 의해 이루어진다.

가지의 크기, 위치, 각도 모두 미생물의 알칸 이용에 영향을 미친다. 치환체의 크기가 클수록, 알칸 고리의 중심에 가까울수록 그리고 탄소원자에 더욱 많이 치환될수록, 알칸은 미생물의 이용에 대한 저항성이 커진다. 그러나 가지가 지방산 중간생성물의 산화를 차단하지 않을 경우, 치환체가 작으면 탄화수소는 이용될 수 있다. 미생물들은 가지형 알칸을 일반 알칸과 같은 방식으로 대사시킨다. 일반 알칸의 대사에 관한 정보는 가지형 알칸의 대사에도 적용될 수 있다.

3.1.4.2. 직렬사슬형 지방족화합물

짧은 사슬(C_5-C_9)을 가진 n-알칸이 더 긴 사슬을 가진 것($C_{10}-C_{14}$)보다 미생물들에 의해 탄소원으로서 더 쉽게 사용될 수 있다. C_{10}에서 C_{14} 알칸의 산화는 *Corynebacterium*에 의해 이루어진다. 알칸은 종단산화, α-산화, 양종단산화에 의해 대사된다. 부산물로 형성된 지방산은 β-산화에 의해 더 대사될 수 있다. C_{12}에서 C_{16} 알칸은 *Corynebacterium*에 의해서 산화되고 나아가 케톤이나 저급 지방산 에스테르로 전환된다.

알칸(C_5-C_{16})은 *Arthrobacter*, *Acinetobacter*, *Pseudomonas putida*, 효모 등의 선택된 종에 의해 이용되어 왔다. n-알칸의 생물학적 분해는 대부분 박테리아의 활동에 의해서 일어난다.

적은 양의 메탄을 산화시킬 수 있는 능력은 토양 미생물들 사이에 널리 퍼져 있다. 메탄은 *Pseudomonas methanica*에 의해 산화된다. 이때 외인성(exogenous)의 이산화탄소는 절대적으로 필요하지 않다. 메탄은 *Mycobacterium fortuitum*과 *M. smegmatis*에 의해서도 역시 산화될 수 있다.

|그림 3.1.5| Methane

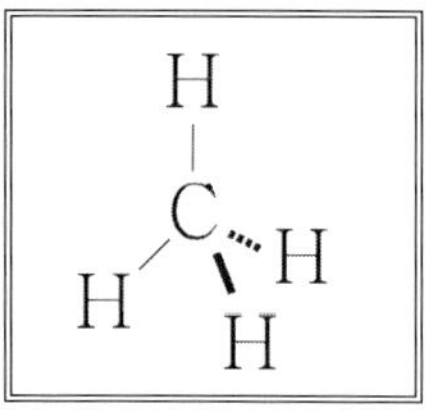

*Pseudomonas methanica*는 산소를 제한인자로 하여 그들의 성장기질인 메탄을 사용하여 대사하는 동시에 에탄, 프로판, 부탄을 산화시킨다. 부탄은 *Pseudobacterium*

subluteum, *Pseudomonas fluorescens*, *Actinomyces candidus*의 성장에 이용된다.

|그림 3.1.6| Ethane

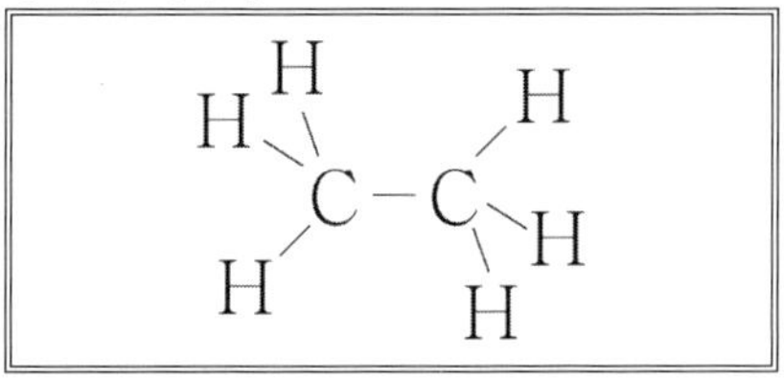

|그림 3.1.7| Propane

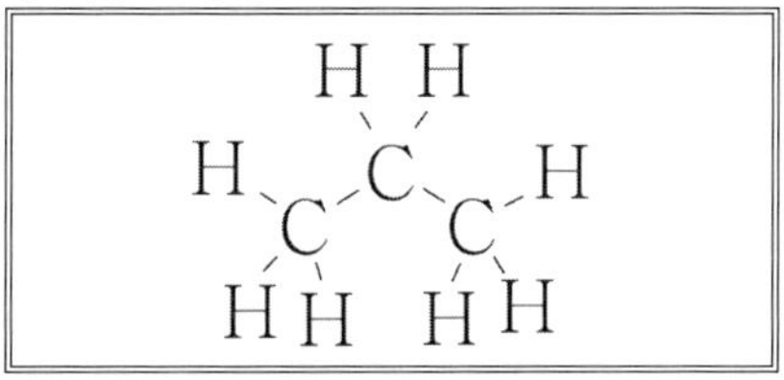

미생물이 알켄을 이용하는 것에 대한 보고가 여러 차례 있었다. 그러나 많은 경우 1-알켄을 다루는데, 미생물들 중 대다수가 분자의 포화된 끝부분을 소비하여 성장하였다. 알켄의 분해는 메탄을 생성하는 조건에서는 불가능하다. 불포화된 1-알켄은 분자의 포화된 끝부분에서 일반적으로 산화된다.

Hyalodendron, *Varicosporium*, *Paecilomyces*, *Cladosporium*과 같은 균류들은 원유에서 추출되는 n-hexane을 분해하는 데 있어 분리된 박테리아보다 우수하며, 특히 *Penicillium*은 다른 균류보다 우수하다.

헥사디칸은 미생물에 의한 탄화수소 분해의 잠재력을 나타내는 지시자로서 제안되었다. 균류는 헥사디칸에서 성장하는 것이 발견되었으나, 겨우 몇몇 박테리아만이 이 물질을 유일한 탄소원으로 사용할 수 있다. 헥사디칸의 표면적이 증가하면 미생물에 의한 분해가 증가한다.

3.2. 혐기성 분해물질

혐기성박테리아는 토양과 물속에 존재하는 박테리아의 10－15% 정도를 차지한다. 이들은 거의 모든 종류의 환경과 매우 다양한 오염생태계에 존재한다. 오염물질을 함유하고 있는 혐기성 지역은 전체 오염계가 산소가 부족하거나 없는 상태에 있다. 무산소 환경에서 혐기성 미생물에 의한 유기화합물의 변환은 중요하다. 혐기성 상태에서는 낮은 산출률 때문에 더 적은 세포물질이 형성되지만, 발생된 발효산물이 메탄이나 다른 탄화수소 가스로 변환되지 않으면 축적될 가능성이 높다. 혐기성 대사과정은 산소의 소비량이 공급량을 넘어서는 환경에서 대개 일어나는데, 유기물질을 수용하는 많은 자연 수중생태계에서 공통적으로 나타나는 현상이다. 이 과정은 또한 물에 침수된 토양이나 침전물에서도 발생한다.

유기오염물 분해에 혐기성미생물을 이용하는 것의 이점은 특정화합물을 이용한 성장률이 같다 할지라도 혐기성미생물의 산출률이 호기성미생물보다 낮다는 사실이다. 혐기성 대사의 비효율성 때문에 화합물의 소비율이 호기성 상태에서보다 몇 배 더 커질 수 있다. 게다가 기질은 보다 빨리 소모된다. 만약 오염된 지역에 미생물을 공급할 경우 더 빨리 자라지만 비효율적인 미생물을 선택하는 것이 유리할 것이다.

매우 높은 환원상태에 존재하는 탄화수소는 혐기성 조건에서 느리게 분해되지만, 많은 방향족화합물은 엄격한 혐기성 조건에서 이산화탄소와 메탄을 만들며 쪼개질 수 있다. 탄화수소의 혐기성 대사는 산화단계로 시작되어야 하기 때문에, 대체 전자수용체가 필요하다. 무산소 환경에 어떠한 **전자수용체**(NO^{-3}, SO_4^{-2}, CO_2)가 존재하느냐에 따라, 혐기성호흡에 의한 유기화합물의 분해가 일어나기도 한다. 이러한 과정은 **탈질박테리아**, **탈황박테리아** 혹은 **메탄생성박테리아**에 의해 수행된다.

만약 전자 수용체로서 질산염, 황산염, 그리고 이산화탄소/탄산이 모두 존재하면, 혐기성 박테리아군은 그것을 순서대로 이용하고 궁극적으로 이산화탄소로부터 메탄을 생성할 것이다. 어떤 박테리아는 3가철을 전자수용체로 이용할 수 있다. 질산염이나 황산염은 아마 혐기성환경에 공급되어야 할 것이다.

다양한 전자수용체에 대한 일반적인 반응과정은 아래와 같다.

$$\text{기질} + (NO_3^-, Mn^{4+}, Fe^{3+}, SO_4^{2-}, CO_2) \\ \rightarrow \text{미생물} + CO_2 + (N_2, Mn^{2+}, Fe^{2+}, S_2, CH_4)$$

환경계의 산화환원상태가 어떤 전자수용체가 이용되는지, 즉 전자수용체의 이용가능성, 미생물의 대사능력, 탄소기질의 양 등을 결정한다. 환원의 순서(NO_3^-, Mn^{4+}, Fe^{3+}, SO_4^{2-}, 그리고 CO_2)는 산화환원전위와 화학적인 반응의 산화능력을 반영한다.

빛이 없고 이산화탄소 이외에는 전자수용체가 적은 무산소 지역에서 유기탄소를 이산화탄소와 메탄으로 완전히 무기화하기 위해서는 세 가지의 주요 미생물 군이 필요한데, 이 세 가지는 발효미생물, 양성자 환원미생물, 메탄생성미생물이다.

혐기성 분해는 주로 혐기성 호흡이나 발효/메탄생성 대사작용을 하는 박테리아에 의해 이루어진다. 유기물의 이산화탄소나 메탄으로의 분해에는 타가영양박테리아와 절대혐기성박테리아의 상호작용이 요구된다. 혐기성 분해에 있어서 무산소상태의 환경조건에서 생존하는 절대혐기성 박테리아와 임의의(산소와 무산소) 조건에서 생존 가능한 박테리아가 모두 중요하다.

인공화합물의 혐기성분해는 한 가지 종류의 미생물이나 미생물 군집에 의해 모두 일어난다. 질산염이나 빛이 있는 조건에서 한 가지 미생물 종이 방향족화합물을 분해하는 것이 보고된 바 있으며, 미생물군이 메탄을 생성하거나 질산염이 있는 조건에서 이 화합물들을 분해하는 것도 보고되었다. 복잡한 물질의 분해에 있어서 서로 다른 미생물군 간의 작용은 중요한데, 상호신진대사나 공동대사가 혐기성상태에서 발생할 수 있다. 혐기성 분해는 일반적으로 기질을 완전히 무기화하기 위해 한 가지 이상의 혐기성 미생물을 필요로 한다. 혐기성 분해의 최종 생산물은 환원된 화합물로서, 이들 중 몇 가지는 미생물과 식물에 독성이 있다.

유기탄화수소는 여러 가지 혐기성 생분해과정에 대해 다양한 민감도를 가진다. 산화환원 조건은 화합물의 변환에 영향을 준다. 즉, 어떤 화합물은 메탄생성조건에서 분해되지만 탈질조건에서는 분해가 안 될 수도 있다. 직렬사슬형태와 가지형태의 알칸을 포함한 석유탄화수소와 알켄은 메탄생성조건에서는 분해되지 않는다. 낮은 분자량을 갖는 다중방향족 탄화수소(나프탈렌, 아세나프탈렌)는 호기성조건에서보다 느리긴 하지만 탈질조건에서 완전히 분해될 수 있다. 이러한 분해는 다중방향족 탄화수소의 흡·탈착 동역학, 미생물의 농도, 토양유기탄소의 무기화를 위한 질산염과의 경쟁 등에 의존한다. 전자공여체(유류탄화수소)의 양이 제한된 경우, 기질의 이용에 있어서 황산염생성 박테리아가 낮은 황산염의 농도에서 메탄생성 미생물보다 앞설 수 있다. 전자공급체가 풍부하다면 황산염의 환원을 위해 황산염이 충분히 존재할지라도 메탄생성미생물이 전자의 흐름을 격리시킬 수도 있다. 석유로 심하게 오염된 토양에서는 오랜 기간 동안 호기성 질산화미생물이 풍부해지고, 약하게 오염된 토양에서는 혐기성 질산화미생물이 더 많아질 수도 있다.

보통의 경우 BTEX를 쉽게 생분해할 수 있는 충분한 호기성 미생물이 존재한다. 하지만, 토양내 산소가 고갈되면 몇몇 혐기성 박테리아는 이 기질들을 분해하는 능력을 갖고 있다. 메탄생성 미생물에 적합하지 않은 조건에서 어떤 종류의 유기화합물(페놀, 크레졸, 자일렌 등)들은 질산염이나 황산염을 이용하는 박테리아에 의해 분해될 수도 있다. 자연에서 방향족 탄화수소의 혐기성 분해는 산화 유기물이나, 금속유기물 화합물 또는 물 등을 포함한 기질이나 산화물의 존재에 의해 더욱 촉진될 수 있다. 만약 오염지역에 황산염이나 3가철 이온이 널리 존재한다면, 이들은 BTEX와 같은 화합물의 분해에 영향을 줄 수 있다. 혐기성 조건에서 분해될 수 있는 화합물로는 페놀, 벤조에이트, 톨루엔, 에틸벤젠, 자일렌, 파이리딘, 퀴놀린, 크레솔 등이 있다.

오직 혐기성 상태에서만 분해되는 저분자량의 할로겐화 탄화수소 화합물들이 있다. 동종고리(homocyclic)하거나 이종고리(heterocyclic)인 방향족 핵으로 이루어진 방향족화합물은 모두 혐기성 조건에서 미생물에 의해 신진대사될 수 있다. 혐기성 분해가 잘 일어나지 않는 화합물이 몇 가지 있는데, 이들은 안트라신, 나프탈렌, 벤젠, 아닐린, 4-톨루이딘, 2-나프톨, 파이리딘과 포화알칸 등이다.

방향족화합물의 혐기성분해는 우선 고리구조의 수소결합 단계에서부터 시작된다. 이 경로는 벤젠노이드 신진대사에 관여하는 모든 미생물, 즉, 탈질박테리아, 황산염환원박테리아, 발효박테리아 등에 공통되는 것이다. 혐기성 분해에 필요한 적응기간은 매우 짧거나 또는 18개월 정도 소요된다.

자연 생태계의 복잡성으로 인해 실험실에서 얻어진 결과를 쉽게 현장에 적용할 수 없다. 또한 지하환경에서 유기화합물의 현장 혐기성생분해를 관찰하기란 기술적으로 어려울 수 있다. 몇몇 현장에서는 메탄의 생성이 혐기성 분해가 일어난 것을 의미하는 것으로 이용되기도 하고 철-황 침전물이 있는 곳을 황산염 환원현장으로 지정하기도 한다.

생물학적 복원을 위해 다른 전자수용체가 대안으로 고려될 때는 처리지역의 면적, 전자수용체의 수요, 감시의 필요성, 인건비의 증가, 현장에 대한 작업인부의 접근성 등을 함께 고려해야 한다.

3.2.1. 혐기성 호흡

산소가 없으면 산소첨가효소(oxygenase)들은 비활동성이 되며 오직 산소를 포함하는 기능군(functional group)을 함유하고 있는 방향족화합물(페놀, 벤조에이트)만이 무기화된다. 탄화수소의 혐기성 신진대사는 산화단계부터 시작하기 때문에 대체 전자수용체가 필요하다. 무산소 조건에 어떤 전자수용체가 존재하느냐에 따라 유기화합물의 분해에 혐기성 호흡이 이용된다. 이러한 혐기성 호흡은 탈질박테리아, 황산염환원박테리아, 메탄생성박테리아에 의해 수행된다.

토양에서의 혐기성 호흡과정에는 생물학적 산화환원 반응이 일어나는데, 여기에는 산소분자대신에 무기화합물(질산염, 황산염, 탄산이온, 망간, 3가철)들이 최종적인 전자수용체의 역할을 한다. 질산염은 질산염 환원미생물에 의해 그리고 황산염은 황산염 환원미생물에 의해 최종 전자수용체로 사용된다. 유기성 폐기물은 전자공여체나 에너지원의 역할을 한다. 만약 특정폐기물의 분해과정에서 산소가 고갈되면, 필요에 따라 호기성과 혐기성조건에 모두 적응할 수 있는 선택 혐기성박테리아가 환경계 내에 우점하게 된다. 반면에 절대 혐기성박테리아는 산소에 견디지 못하고 산소에 노출되면 죽게 된다.

석유의 혐기성 분해를 위한 황산염과 질산염의 환원 과정에서 알칸 탈수소효소(dehydrogenase)는 알켄과 같은 첫 번째 중간생성물의 형성에 관여하는 효소로 제안되고 있다. 알칸으로부터 생성된 지방산은 혐기성 조건에서 발효된다. 많은 혐기성 미생물에 의해 치환된 방향족화합물의 분해는 방향족고리와 측면사슬 모두에서 일어난다.

3.2.1.1. 탈질 (denitrification)

방향족화합물의 이화작용은 무산소 조건과 질산염이 있는 조건에서 일어난다. 많은 임의의 박테리아(facultative bacteria)들은, 주로 유기영양계 박테리아(heterotrophs)이면서 탈질능력이 있다. 수소나 나트륨황산화물(sodium sulfide)와 같은 무기에너지원을 산화시키는 능력을 가진 무기영양 탈질박테리아(*autotrophic denitrifiers*)들도 확인되었다.

생물학적 **탈질**작용은 이화적인 질산염의 환원으로 정의되는데, 유기물의 산화과정에서 질산염이 최종 전자수용체로 작용한다. 호흡이동사슬을 경유하여 에너지 생산을 위한 이화적인 질산염의 환원의 경우 질소가스가 최종 생산물이다(그림 3.2.1).

세포에 에너지를 공급하는 이화적인 탈질작용은 세포합성을 위해 질산염을 암모니아로 환원시키는 동화적인 탈질작용과 구분된다. 암모니아를 생성하지만 에너지를 만들지 않는 이화적인 탈질경로도 있다. 이 경로는 독성제거나 대안적인 전자의 손실 기능을 한다.

질산염 호흡대사를 수행하는 미생물은 조건성이며 산소를 전자수용체로 선호하는 것으로 보인다. 호기성 조건에서 이 미생물군은 다양한 범위의 무기·유기화합물을 탄소 및 에너지원으로 이용한다. 활동성의 질산염 호흡 미생물은 흙, 호수, 강, 바다 등을 포함한 다양한 무산소 환경에서 발견된다.

탈질작용은 산소 농도가 10μmol/l 이하일 때 시작될 수 있다. 박테리아에 의한 탈질작용은 오염된 혐기성 환경에서 가장 효과적인 형태의 생물학적인 변환을 가져오는데 이러한 환경은 특히 질산염 또는 질소산화물이 자연상태에서 이용 가능하거나 첨가될 때 일어난다. 질산염은 산소보다 용해도가 높고 덜 비싸다. 따라서, 단일방향족탄화수소(벤젠 제외)의 분해를 가속화시키기 위해서 질산염을 첨가할 수 있다.

탈질을 촉진하기 위해 오염된 지역에 질산염을 공급할 수 있지만, 질산염 자체도 오염물질이어서 먹는 물에서 그 농도가 10ppm 이하로 제한된다. 따라서 산소나 과산화수소보다 질산염의 사용허가를 받는 데 어려움이 있다. 또한, 혐기성 조건에서 분해속도가 빠르지 않고 기질의 범위가 더 제한된다. 몇몇 연구자들은 호기성 과정들을 통해 이미 제시된 성공들을 고려할 때 질산염 호흡을 이용한 처리법이 더 나은 이유가 없다고 믿고 있다.

|그림 3.2.1| 생물학적 탈질작용의 모식도

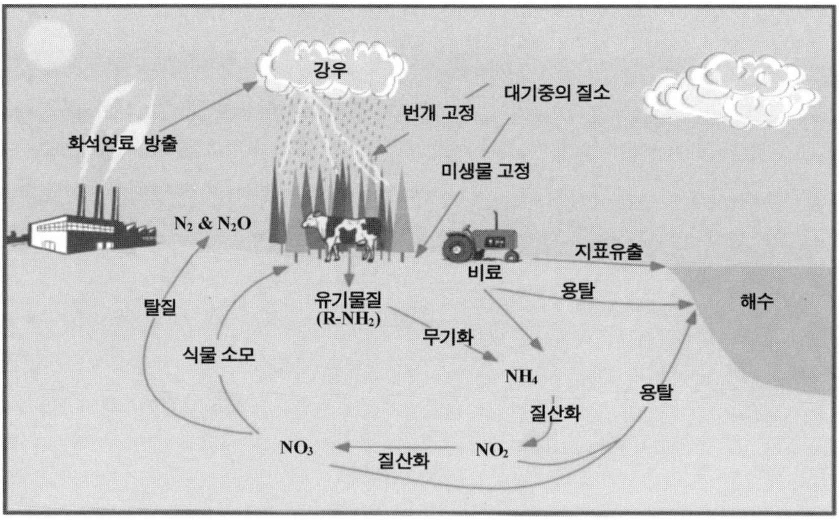

3.2.1.2. 황산염 환원(sulfate reduction)

성장에 필요한 에너지를 얻기 위해 이화적인 **황산염** 환원을 수행하는 미생물들은 절대 혐기성박테리아이다. 이러한 박테리아의 경우, 유기탄소가 탄소와 에너지원 모두를 제공하고, 환원 가능한 황화합물이 최종 전자수용체를 제공한다. 이화적인 황산염 환원 박테리아는 흙 속에서도 발견되지만 대부분 수중 환경에 존재한다.

*Desulfovibrio*와 같은 미생물은 황산염을 전자수용체로 이용하여 황화물로 환원시키고 유기산을 전자공여체로 사용한다. 황산염 환원 생물인 *Desulfonema magnum*는 해양침적물에서 분리되었는데, 환원 가능한 황화합물의 존재하에 다양한 지방산과 벤조에이트를 이산화탄소로 무기화하는 능력이 있다.

전자공여체(석유탄화수소)의 이용성은 황산염 환원 박테리아와 메탄생성 박테리아 간의 경쟁에 영향을 준다. 전자공여체의 이용성이 제한되어 있으면, 낮은 황산염 농도에서(1mg/l 이하) 황산염 환원 박테리아가 기질의 이용에 있어서 메탄생성 박테리아를 앞선다. 전자공여체가 풍부한 환경에서는 황산염 환원이 적당한 양의 황산염이 존재하더라도 메탄생성 박테리아가 전자흐름의 일부분을 분리할 수도 있다.

|그림 3.2.2| 황산염 환원

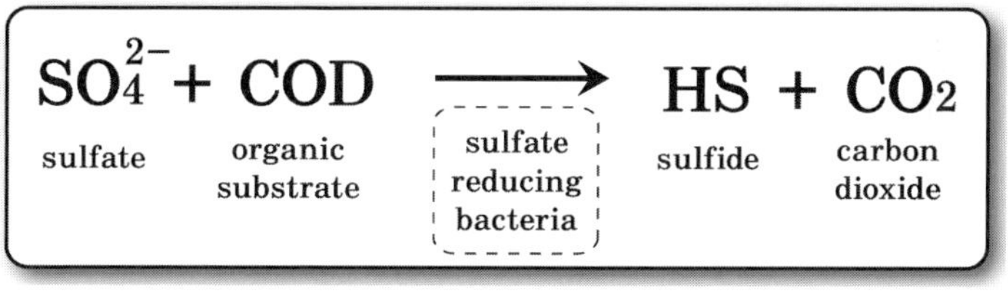

3.2.1.3. 메탄생성(methanogenesis)

생분해과정에서 어떤 혐기성 박테리아는 흔히 짧은 사슬의 유기산을 생성하는데, 이 산은 다른 박테리아에 의해 메탄, 이산화탄소, 무기무질로 더 분해될 수 있다(그림 3.2.3). 메탄박테리아는 유기산을 **메탄**으로 발효시키는 절대 혐기성박테리아의 예이다. 이것은 혐기성 환경에서 들어간 화학물질이 분해되기 어려운 것이 아니라 이산화탄소나 메탄으로 무기화하여 분해될 가능성이 있다는 것을 보여 준다. 그러나 높게 환원된 상태에 존재하는 탄화수소와 같은 유기화합물은 혐기성 상태에서 느리게 분해된다. 뿐만아니라 메탄생성환경에서 석유탄화수소, 직렬사슬형과 가지형 알칸 그리고 알켄의 분해는 불가능하다.

박테리아에 의한 메탄생성은 많은 무산소 환경에서 흔한 현상이다. 이런 절대 혐기성 과정은 무산소 상태의 진흙과 침적물, 동물의 위나 장, 혐기성 오수 슬러지 소화조 등과 같은 생태계에서 유기물질의 분해과정 중에 자주 나타난다. 메탄 박테리아는 성장을 위해 오직 몇 가지의 간단한 화합물을 사용한다.

$$CO_2 + 4H_2 \rightarrow CH_4 + 2H_2O$$
$$4HCOOH \rightarrow CH_4 + 3CO_2 + 2H_2O$$
$$4CH_3OH \rightarrow 3CH_4 + CO_2 + 2H_2O$$
$$CH_3COOH \rightarrow CH_4 + CO_2$$

메탄생성 미생물은 방향족을 메탄으로 분해하는 혐기성 미생물군의 주요한 구성요소이지만, 이들은 자신이 일차 기질을 공격하기보다는 다른 미생물을 위해 전자소모자(sink)로 작용하는 것으로 보인다. 자연생태계에서 수소와 함께 아세테이트와 이산화탄소가 메탄 박테리아를 위한 가장 중요한 기질이다. 이들 미생물들은 성장을 위해 오직 단순한 화합물만을 사용하기 때문에 이들은 복잡한 유기화합물(방향족 화합물)을 분해하는 발효미생물과의 공영양적인 연합(syntrophic association)에 의존해야만 한다. 이 연합은 일반적으로 강제적이며 메탄생성 발생지마다 유사할 것이다.

|그림 3.2.3| 생물학적 메탄생성 모식도

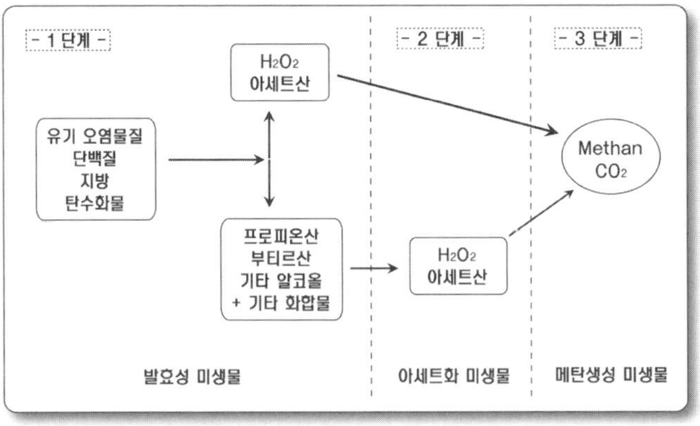

3.2.2. 발효(fermentation)

무산소 환경에서 서식하는 대부분의 미생물들은 유기탄소의 발효를 통해 성장에 필요한 에너지를 얻는다. 발효는 조건 또는 절대 혐기성미생물에 의해 빛이 없는 조건에서 일어나는 과정이다. 발효반응에서 유기화합물은 전자공여체이자 수용체인데, 이유는 기질의 분해과정에서 산화와 환원이 모두 일어나기 때문이다. 발효반응은 유기산이나 알코올과 같은 불완전 산화 유기화합물을 생성한다.

|그림 3.2.4| 발효작용의 모식도

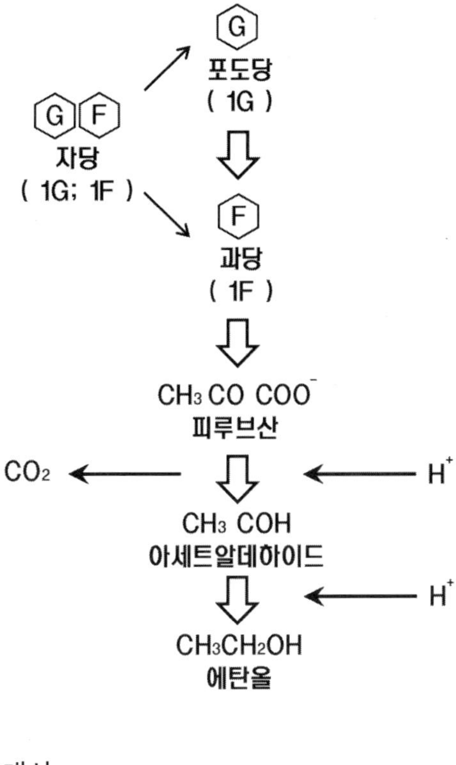

3.2.3. 혐기성 광대사

광합성 비황박테리아(purple nonsulfur bacteria)의 경우, 유기화합물은 세포구성 물질을 위해 전자와 탄소의 주요한 공급원의 역할을 한다. 어떤 자주색 비황박테리아는 어두운 호기성 조건에서 유기화합물의 호흡대사에 의해 자랄 수 있다. *Rhodopseudomonas palustris* 또는 *Rhodocyclus purpureus*와 같은 몇몇 종은 유기화합물과 더불어 티오황산염이나 황화물을 전자공여체로 이용한다. 하지만 일반적으로는 자주 비황박테리아는 황화물에 민감하여 황화물 농도가 낮은 환경에서만 자라는 경향이 있다.

3.2.4. 방향족탄화수소

3.2.4.1. 단핵방향족탄화수소

페놀은 혐기성 조건에서 분해 가능하다. 페놀, 하이드로퀴논(hydroquinone), p-크레솔은 다른 환원조건에서 이산화탄소나 메탄으로 변환되며, 분해율은 적응에 따라 향상된다. 페놀 화합물은 표면에 가까운 지하수에서 혐기성 조건하에서 분해된다. 혐기성 조건에서 페놀의 다중합체로의 변형은 금지될 수 있으며, 이들 화합물들은 보다 쉽게 토양을 통해 침출될 수 있다. 질산염을 이용하여 호흡하는 *Pseudomonas stutzeri*는 페놀을 기질로 이용할 수 있다.

크레졸은 무산소 대수층에서 분해가 가능하다. m-크레졸과 p-크레졸은 모두 혐기성상태에서 분해가 되지만, p-크레졸이 m-크레졸보다 더 쉽게 분해되고, 이어서 m-크레졸이 o-크레졸보다 더 쉽게 분해된다. 생물학적 분해는 메탄생성 상태보다는 황산염환원 상태에서 더 잘 일어난다. 혼합배양 미생물은 질산염을 전자수용체로 사용하여 m-크레졸과 p-크레졸을 지체기간(lag phase)없이 분해할 수 있다.

몇몇 연구자들에 의하면 **벤젠**은 혐기성 분해에 대한 저항성을 가진다. 메탄생성 상태에서도 혐기성 오수슬러지나 담수 또는 해수의 침적물로부터 얻어진 미생물에 의한 벤젠의 혐기성 변환은 관찰되지 않는다. 많은 연구자들은 벤젠의 생분해는 산소분자 없이도 가능하다고 한다. 벤젠의 혐기성 변환은 화합물의 일부는 산화되고 일부는 환원되는 발효과정일 수 있다. 환원에 의해 포화된 지환화합물이 생성된다. 혼합 메탄생성 미생물에 의한 벤젠분해는 페놀, 싸이클로헥산, 프로판산 등의 중간생성물과 함께 이산화탄소와 메탄을 생성한다. 원형수산기의 산소는 물에서부터 얻는다.

벤젠은 엄격한 혐기성 상태에서 리그닌에서 추출된 방향족 산에 적응된 메탄생성 미생물에 의해 변환되는데, 이 과정에서 방향족 알코올, 알데히드, 크레졸, 페놀, 지환화합물, 지방산 등의 중간물질을 생성되고, 이들은 최종적으로 이산화탄소와 메탄으로 전환된다.

톨루엔은 산소분자 없이 생분해가 가능하다. 톨루엔의 혐기성 변환은 화합물의 일부는 산화되고 일부는 환원되는 발효과정일 수 있다. 환원에 의해 포화된 지환화합물이 생성되는 반면, 메틸기의 산화는 벤질알코올을 생성하고 이것이 결국 벤즈알데히드와 벤조익산으로 전환된다. 톨루엔은 탈질과정에 의해서 분해된다. 탈질조건에 적응된 후, 미생물은 질산염 소비와 함께 빠르게 톨루엔을 소비한다.

톨루엔은 질산염 환원조건에서 쉽게 분해된다. 하지만 톨루엔의 독성기준이 약 120mg/l이고 높은 농도의 질산염의 환원은 질산염환원 박테리아에게 독성이 있는 아질산염의 축적을 야기한다. 혼합배양 미생물은 질산염을 전자수용체로 사용하여 지체기간 없이 톨루엔을 분해할 수 있다.

자일렌은 산소 없이 생분해가 가능하다. 세 종류의 모든 자일렌 이성질체는 호기성, 혐기성, 탈질 조건에서 유일한 탄소 및 에너지원으로서 박테리아에 의해 이용될 수 있다. p-와 m-자일렌은 비슷한 반응속도로 분해되지만 o-자일렌의 경우보다 매우 빠르게 분해된다.

실험실 연구는 지하수에서 **알킬벤젠**은 호기성과 혐기성 조건하에서 모두 변환된다는 현장실험결과를 확인시켰다. 혐기성 분해는 산소가 고갈된 심한 오염토양에서 호기성 분해의 보조자로서 유용할 수 있다.

일반적으로 BTEX를 쉽게 생분해할 수 있는 호기성 미생물이 충분히 존재한다. 하지만, 토양내 산소가 고갈되면 일부 혐기성 미생물들이 이들 물질을 분해할 수 있는 능력을 가지고 있다. BTEX 혼합물의 혐기성분해는 순차적으로 일어나는 경향이 있는데, 탈질과 황생성(sulfidogenic)조건에서 톨루엔이 가장 쉽게 분해된다. 탈질과정에서 톨루엔, 에틸벤젠, m-자일렌이 경우 변환이 완전히 일어나기까지는 8일, o-자일렌의 경우 75일 걸리며, 벤젠은 영향 받지 않는다.

산소/질산염이 혼합된 전자수용체 조건은 2mg/l 산소와 높은 수준의 질산염의 존재 150mg/l 이상의 질산염하에서 벤젠, 톨루엔, 에틸벤젠을 분해할 수 있는 미생물을 배양해 낸다. BTEX의 생분해는 톨루엔을 제외하고는 높거나(8.6mg/l) 낮은 2.0mg/l 이하 산소조건에서는 일어나지 않으며, 톨루엔은 혐기성 탈질과정에서 분해된다. 황생성조건에서 톨루엔과 m-자일렌, o-자일렌의 변환은 40-50일 정도 걸린다. 벤젠의 제거는 느리지만 에틸벤젠의 제거는 30일 이후에 가속된다.

에틸벤젠은 혐기성 상태, 즉 탈질에 의해 분해된다. 탈질과정에서 톨루엔이 적응하고 나면, 토양병원균은 에틸벤젠 등의 다른 방향족 물질도 분해할 수 있다. 탈질과정에서 에틸벤젠이 완전히 분해되는 때까지 8일이 소요된다. 산소/질산염이 혼합된 전자수용체 조건에서 에틸벤젠을 2mg/l 산소와 높은 수준의 질산염의 존재 150mg/l 이상의 질산염하에서 분해된다. 에틸벤젠의 생분해는 높거나(8.6mg/l) 낮은 2.0mg/l 이하 산소조건에서는 일어나지 않는다.

3.2.4.2. 다핵방향족탄화수소

메탄생성조건에서 혐기성오수슬러지, 지표수침적물, 해양침적물에서 분리 배양된 미생물에 의한 이 화합물의 혐기성변환은 관찰되지 않았다. 대수층에서 **나프탈렌**과 같은 다환방향족탄화수소는 혐기성 박테리아에 의해서 이산화탄소와 메탄으로 분해되지 않는다. 하지만, *Methylococcus trichosporium* OB3b는 나프탈렌을 산화시킬 수 있는 것으로 알려졌다.

파이렌의 생분해는 혐기성이나 미소산소(microaerophilic)조건에서는 일어나지 않는다.

• 제3장의 내용은 *Remediation of petroleum contaminated soils*(by Eve Riser-Roberts)를 참고했음을 밝힙니다.

제4장 오염물질 운송

4.1. 대류

오염물질이 지질매체(포화 또는 불포화)내에서 액상의 상태에서 유하하는 지하수 또는 토양수분과 함께 이동하게 되는 현상을 대류라고 하며, 이때의 오염물질 이동을 **대류운송**(advective or convective transport)이라 한다. 따라서 대류는 속도개념이며, 지하수의 유속 즉, **공극유속**(average linear velocity 혹은 pore-water velocity)과 일치한다. 일반적으로 다공성 지질매체에서의 공극유속은 단위면적당 유속 즉 평균유속과 다음의 관계식이 성립된다.

$$V_x = \frac{q_x}{n} = \frac{1}{n}\left(K_x \frac{dh}{dx}\right) \tag{1}$$

여기서, V_x, q_x는 각각 대류계수(공극유속)와 평균유속, n은 공극률(매질체 전체체적에 대한 공극체적의 비) 그리고 K_x는 x방향으로의 투수계수, dh/dx는 x방향으로의 수리균배 혹은 수리경사도이다.

대류에 의한 일차원(x방향) 용질 유속, F_x는 지하수 유량과 농도(C)의 곱이며 다음과 같이 표현된다.

$$F_x = V_x n C \tag{2}$$

일차원 대류운송 방정식은 식 (3)으로 표현된다.

$$\frac{dC}{dt} = V_x \frac{dC}{dx} \tag{3}$$

식 (3)의 해는 그림 4.1.1에 도시된 바와 같이 sharp concentration front를 형성하여 용질 주입 경과 시간 t에서의 농도 도달 거리 x위치에서의 농도 변화는 x지점 전후에 상대농도비 1.0과 0.0을 나타내게 되는 계단 형태의 모양을 지니게 된다.

|그림 4.1.1| 대류운송과 확산, 분산이 농도변화에 미치는 영향

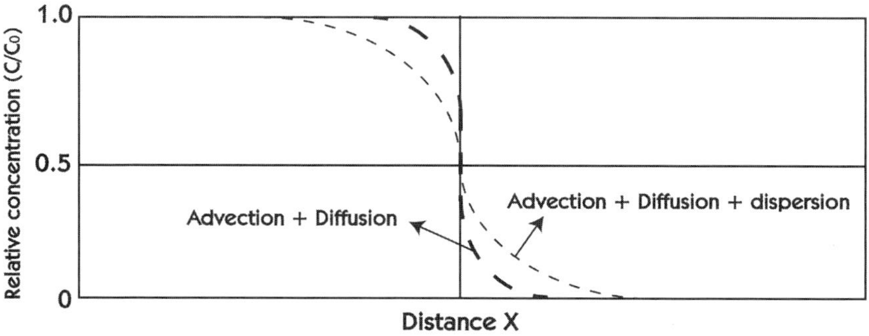

4.2. 확산

4.2.1. 분자분산

지하 매질체내에서 오염물질의 동역학적 확산 혹은 확산 현상은 분자분산과 역학적 확산으로 구분된다. **분자분산**(molecular diffusion)은 액상에서 고농도에서 저농도 지역으로의 용질 이동을 나타내는 현상으로 픽스의 첫 번째 법칙(Fick's first law)으로 표현된다.

$$F = -D_d(dC/dx) \qquad (1)$$

여기서, F는 단위면적당 용질 유량(g/cm^2/day), D_d는 분자분산 계수(cm^2/day), C는 용질의 농도, dC/dx는 농도 구배이다. 한편 지하 매질체에서의 분자분산은 광물입자에 의한 이동장애로 인하여 액상에서와 같이 빨리 진행되지 않는다. 이러한 이유로 **유효분자분산** 계수 D*가 도입되며 분자분산 계수 D_d와의 관계는 다음과 같다.

$$D^* = \omega D_d \tag{2}$$

여기서, ω는 tortuosity 계수이며, 다공성 매질체내에서 유로장의 형태와 관련된다.

4.2.2. 역학적 확산

지하 매질체에서 지하수가 유하할 때 발생하는 공극유속이나 평균유속은 거시적 관점(macroscopic scale)에서는 균질하거나 일정하지만, 공극 혹은 미시적 관점(pore or microscopic scale)에서 고찰했을 때 평균유속보다 크거나 작은 유속들이 존재한다. 이러한 유속들 간의 차이 즉 유속차이(velocity difference)는 세 가지 기작 즉 (1) 공극의 크기, (2) 유로장의 길이, (3) 공극마찰에 의해서 발생되며(그림 4.2.1) 지하수내 용질의 이동거리에 영향을 미치고 궁극적으로 유로장을 따라 용질의 혼합(그림 4.2.2)이 야기된다. 이러한 혼합을 역학적 확산(mechanical dispersion)이라 한다.

|그림 4.2.1| 다공성 매질체내에서 오염물질의 역학적 확산에 기여하는 유속차이를 유발시키는 세 가지 인자

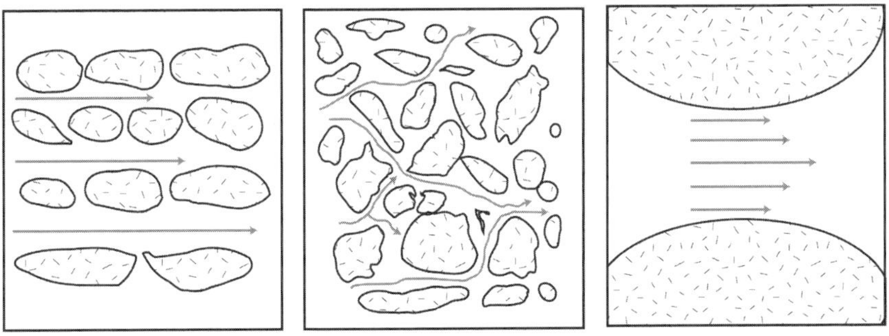

a. 공극의 크기　　　b. 유로장　　　c. 마찰손실

|그림 4.2.2| 유로장 길이방향으로 발생하는 용질 혼합

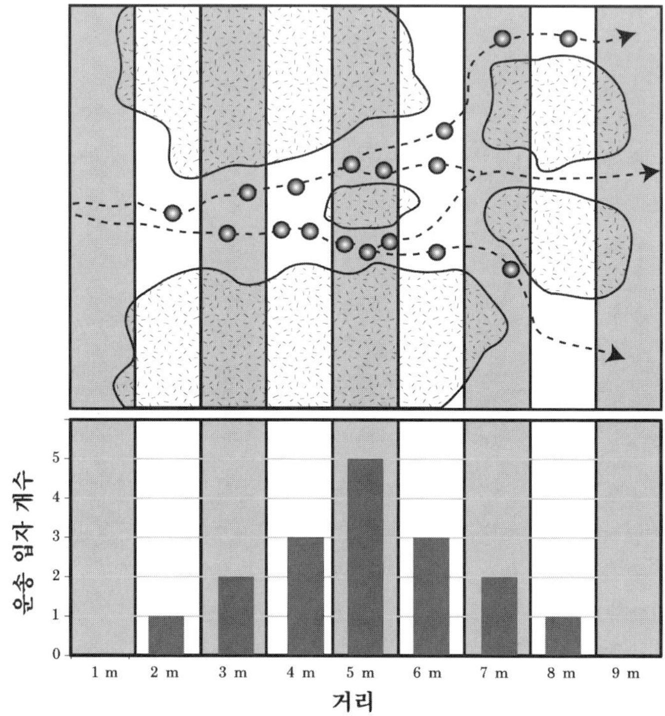

역학적 확산은 유로장 길이 방향으로 발생하는 **종확산**(longitudinal dispersion)과 흐름방향과 수직방향으로 발생하는 **횡확산**(transversal dispersion)이 있다. 만약 역학적 확산량(D_m)과 공극유속(V) 사이에 비례관계가 성립된다고 한다면, 역학적 확산 계수(coefficient of mechanical dispersion)를 도입할 수 있다.

$$D_m = \alpha V \qquad (3)$$

여기서 α는 **확산계수** 혹은 **분산지수**(dispersivity)라고 하며 지질매체의 고유특성을 나타낸다. 지질매체내의 오염물질이 용해된 지하수가 유동할 때 발생하는 유효분자분산(effective molecular diffusion)과 역학적 확산(mechanical dispersion)은 분리하여 측정할 수 없으며, 일반적으로 통합하여 하나의 계수로 표현하며 **수리동역학 확산계수**(hydrodynamic dispersion coefficient) D로 나타낸다.

$$D_L = \alpha_L V + D^* \tag{4}$$

$$D_T = \alpha_T V + D^* \tag{5}$$

여기서, D_L, D_T는 각각 종/횡확산계수이고, α_L, α_T는 종/횡분산지수이다.

4.2.3. 횡분산지수의 영향

대수층에서의 횡분산지수에 대한 종분산지수의 비(α_L, α_T)는 2차원 오염물질 운송에 있어서 오염운(contaminant plume)의 형태에 영향을 주는 아주 중요한 요소이다. 일반적으로 그 비가 낮으면 낮을수록 그림 4.2.3에 도시한 것처럼 오염운이 넓은 형상을 띠게 된다.

|그림 4.2.3| 종/횡분산지수의 비가 오염운의 형태에 미치는 영향(adapted from Fetter, 1993)

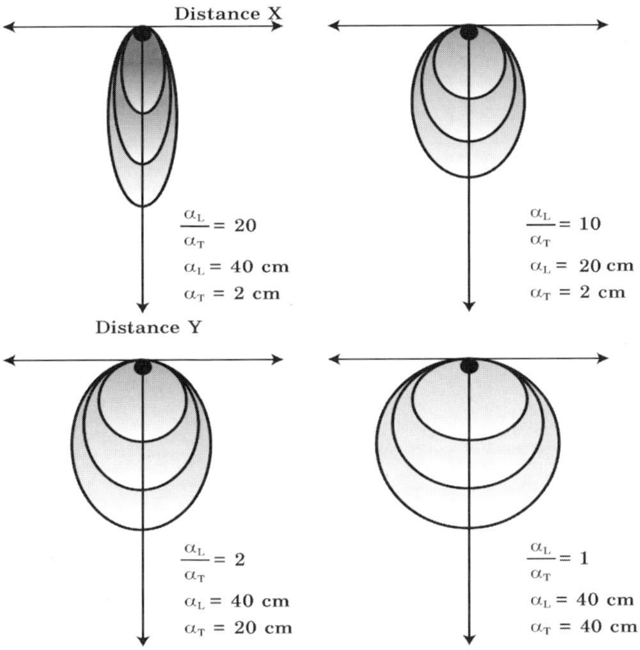

그러나 흐름에 횡방향으로의 오염물질의 확산이 제한되는 조건에서는 종/횡분산지수의 비보다 종분산지수의 절대적 크기가 더 큰 영향을 미친다(Kim et al., 2004b). 그림 4.2.4에서 α_L=0.2cm일 때 α_L/α_T의 비를 0.01에서 0.3까지 변화시켰으나 오염운 형태에 큰 차이가 나타나지 않았으나 α_L/α_T의 비를 0.2에 고정시킨 후 α_L를 1.0cm에서 5.0cm까지 증가했을 때 오염운의 형태에 더 큰 변화가 나타났음을 알 수 있다. 따라서 동일한 2차원 대수층에서의 오염물질 운송에 있어서도 오염물질 운송에 관계되는 경계조건의 변화에 따라 오염운 형상에 영향을 주는 요소가 달라질 수 있음을 시사한다.

|그림 4.2.4| (a) 종분산지수에 대한 횡/종분산지수비의 영향, (b) 횡/종분산지수비에 대한 종분산지수의 영향(adapted from Kim et al., 2004b)

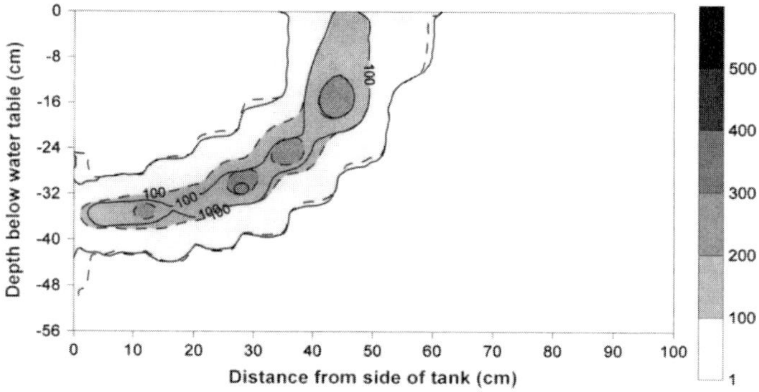

(a)

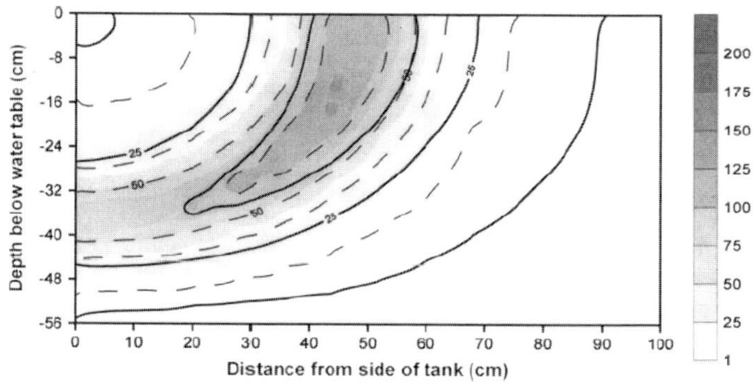

(b)

4.3. 흡착

4.3.1. 개념

흡착(sorption)은 오염물질과 고체와의 반응으로 정의될 수 있으며(Piwoni and Keeley, 1990) 이는 adsorption과 absorption으로 구분된다. 전자는 고체표면에 오염물질이 부착되는 것이고 후자는 오염물질이 고체내부에 침투하는 것을 말한다. 환경학적인 측면에서 각 반응의 구체적 구분이 절실히 요구되지 않으므로 두 반응을 통합하여 일반적으로 흡착이라 일컫는다. 흡착이론에서 자주 통용되는 어휘는 흡착물질(sorbate)과 흡착제(sorbent)이다. 여기서 sorbate는 sorbent 즉 고체와 같은 흡착제에 부착하는 오염물질이다. 지하수 오염과 관련해 예를 들면 sorbate는 보통 유기화합물이고 sorbent는 토양이나 대수층 매질체이다. 흡착과 관련하여 빈번히 사용되는 또 하나의 주요 어휘는 **분배**(distribution) 혹은 분할(partitioning)이며 이는 액상에서 존재하는 오염물질이 고상과의 반응(흡착)으로 액상과 고상으로 분할되는 것을 나타내는 지표이다. 흡착은 특정 퇴적물, 토양 또는 대수층 매질체에 대하여 오염물질이 분할되는 현상을 나타내며 실험에 의하여 결정된다. 다양한 농도의 오염물질 용액을 고체와 균질 교반시켜 반응하도록 한 후 평형상태에서 더 이상 농도변화가 발생하지 않을 때 액상에서 제거된 오염물질의 농도를 결정하게 된다. 이러한 시험을 **배치시험**(batch test)이라 하며, 시험결과 즉 평형상태에서의 액상농도(mg/l)에 대한 고상에의 흡착농도(mg/kg)를 나타낸 그래프를 **흡착등온**(sorption isotherm)이라 한다. 오염물질의 고상에의 흡착 반응이 지하수 유속보다 빠르게 나타나 아주 짧은 시간에 용존 오염물질이 고상에 흡착된 오염물질 농도와 평형을 이루게 될 때 이를 **평형 흡착 등온**(equilibrium sorption isotherm)이라 하며 반대로 흡착과정이 유체의 흐름보다 느리게 발생할 때 **비평형 흡착**(nonequilibrium or kinetic sorption)이라 한다.

4.3.2. 영향인자

흡착에 영향을 주는 인자에는 여러 가지가 있으며, 여기에는 오염물질의 물리화학적 특성, 토양특성과 유체의 성분 등이 포함된다. 오염물질의 특성은 흡착 형태에 아주 큰 영향을 끼치며 다음의 세 가지 요소가 있다.

- ► 용해도
- ► Polar-ionic 특성
- ► Octanol-water 분할계수

이 중 자연 환경계에서 유기화학물질의 운송과 운명에 가장 크게 영향을 주는 인자는 **용해도**이며, 용해도가 큰 화학물질은 수문학적 순환에서 쉽게 그리고 빨리 분배된다. Polar-ionic 특성은 다음의 세가지 종류: (1) 이온 혹은 전하 종(ionic or charged species), (2) 비전하 극 종(uncharged polar species), (3) 비전하 비극 종(uncharged nonpolar species)으로 구분된다. 수용성 상태에서 대부분의 무기 화학물질은 이온성으로 존재한다. 비극성 물질에는 TCE(trichloroethane), PCE(tetrachloroethane), 염소계 벤젠, 그리고 탄화수소계 연료물질 중 벤젠, 톨루엔, 자일렌 등이 있다. 한편 살충제와 페놀은 액상에서 이온 혹은 극성 물질로 존재한다. 오염물질의 polar-ionic 특성은 다음의 법칙에 따라 흡착반응이 일어난다. 전하성 물질에 대하여 "opposites attract" 그리고 비전하성 물질에 대하여 "likes interact with likes"이다. **옥타놀-물 분할계수**(K_{ow})는 평형조건에서 옥타놀과 물에서의 화학물질의 분배를 나타낸다.

$$K_{ow} = \frac{Conc.\ in\ octanol\ phase}{Conc.\ in\ aqueous\ phase} \quad (1)$$

K_{ow}는 많은 **소수성** 화학물질(hydrophobic chemicals)에 대하여 실험실에서 측정된 바 있으며, 쉽게 사용될 수 있는 파라미터이다. K_{ow}의 측정치는 10^{-3}에서 10^{7}까지 광범위하게 변화하며, 환경계에서 유기화학물질의 운명을 결정짓는 주요 지표이다. 일반적으로 K_{ow}는 유기화합물의 소수성을 나타내는 척도이며, 오염물질이 소수성이 강할수록 토양에 더 많이 분할되고 용해도는 낮게 된다. 흡착 형태에 영향을 주는 토양의 주요한 특성은 다음과 같다. 1)광물학, 2)투수성-공극률, 3)토성, 4)균질성, 5)유기탄소함량, 6)전하, 7)표면적 등이다.

4.3.3. 평형흡착 모델

4.3.3.1. 선형모델

용질의 액상 농도 C와 흡착농도 S 사이에 선형관계가 성립된다면 C의 등온흡착은 S의 함수로서 직선으로 표현되며(그림 4.3.1), 다음 식으로 주어진다.

$$S = K_d C \tag{2}$$

여기서, K_d는 분배계수이며, 직선의 기울기와 같다.

|그림 4.3.1| 선형 등온 흡착 모델

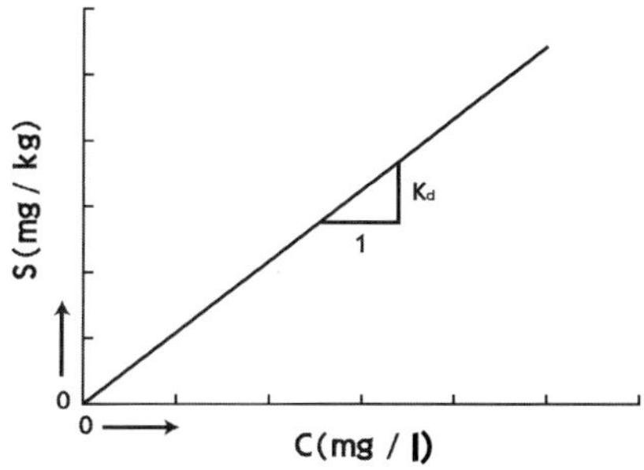

4.3.3.2. Freundlich 모델

선형모델보다 더 일반적인 평형 모델은 Freundlich 모델이며 다음 식으로 주어진다.

$$S = KC^N \tag{3}$$

여기서, K와 N은 상수이다. C의 등온흡착은 S의 함수로서 곡선으로 표현되며(그림 4.3.2), 다음의 식을 이용하여 직선화된다.

|그림 4.3.2| Freundlich 등온 흡착 모델: (a) 비선형, (b) 선형

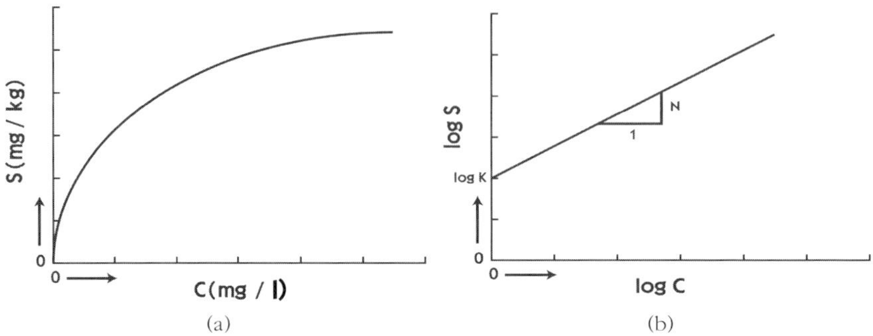

$$\log S = logK + NlogC \tag{4}$$

logS를 logC에 대하여 그래프를 작성한다면 직선으로 표현되며, 이때 N은 기울기, logK는 절편이 된다. 이 모델은 황산염, 카드뮴, 구리, 아연, 유기인 살충제, 파라치온 등과 같은 중금속류와 유기화합물을 함유한 토양에 널리 적용된 비선형 모델이다. 이 모델의 단점은 선형모델처럼 흡착 용질에 대한 상한계가 없다는 점이다. 따라서 실험 자료범위의 한계를 넘어 연장하게 될 때는 특별한 주의가 요구된다.

4.3.3.3. Langmuir 모델

Langmuir모델은 고체 표면에는 제한된 수의 흡착기(sorption site)가 있다는 전제하에 개발된 모델이다. 모든 흡착기가 채워지면, 고체 표면은 더 이상 액상에 있는 용질을 흡착할 수 없게 된다. 이 모델은 다음과 같이 주어진다.

$$\frac{C}{S} = \frac{1}{\alpha\beta} + \frac{C}{\beta} \tag{5}$$

여기서, α는 결합 에너지와 관련된 상수(l/mg), β는 고체에 의해 흡착될 수 있는 최대의 흡착 농도(mg/kg)이다.

또한 다음 식으로도 표현할 수 있다.

$$S = \frac{\alpha\beta C}{1+\alpha C} \tag{6}$$

만약 용질의 고체표면에의 흡착이 Langmuir 모델을 따른다면, S와 C의 그래프는 최대치에 접근하는 곡선형태(그림 4.3.3)가 된다. 만약 C/S를 C에 대하여 작도한다면 직선으로 나타나며(그림 4.3.3b), 최대 흡착농도 β는 직선 기울기의 역수가 되고 결합 에너지 상수 α는 기울기를 절편으로 나눈 결과가 된다.

|그림 4.3.3| Langmuir 등온 흡착 모델: (a) 비선형, (b) 선형

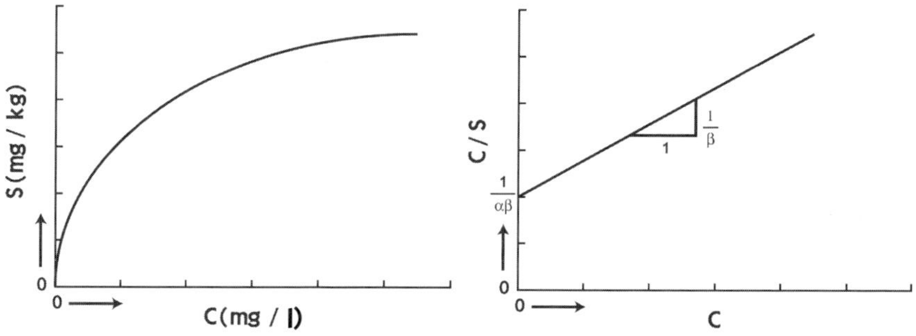

(a) (b)

심화학습

4.3.3.4. Langmuir isotherm model 분석

위의 식 (6)으로 주어진 Langmuir 모델을 다른 방법으로 분석하면 이 모델에 대한 이해를 증진시킬 수 있다. 즉 식 (6)의 우변의 분모, 분자를 각각 α로 나누어 주고 $\beta = S_{\max}$라 하면 다음 식이 된다.

$$S = S_{\max}\frac{C}{1/\alpha + C} \tag{7}$$

여기서 $1/\alpha = C_{0.5}$라 놓으면 식 (7)은 다음 식으로 표현된다.

$$S = S_{\max}\frac{C}{C_{0.5} + C} \tag{8}$$

여기서 $C_{0.5}$는 Langmuir 등온선에서 $S_{\max}/2$에 해당되는 주기질의 농도이다. 식 (8)의 검증은

(1) C가 무한대로 갈 때, $\frac{C}{C_{0.5}+C}$는 1에 수렴하므로 $S = S_{\max}$가 되므로 식이 성립된다.

(2) $C = C_{0.5}$이면, $\frac{C}{C_{0.5}+C}$는 1/2이 되므로 $S = S_{\max}/2$가 되고 식이 성립된다.

한편 식 (8)을 $\frac{C}{S} = f(C)$로 표현하면,

$$\frac{C}{S} = \frac{1}{S_{\max}}C + \frac{C_{0.5}}{S_{\max}} \tag{9}$$

여기서, $1/S_{\max} = \beta$는 기울기이고, $\frac{C_{0.5}}{S_{\max}} = \frac{1}{\alpha\beta}$는 절편이 된다.

|그림 4.3.4| S_{max}와 $C_{0.5}$를 이용한 Langmuir 등온 흡착 모델

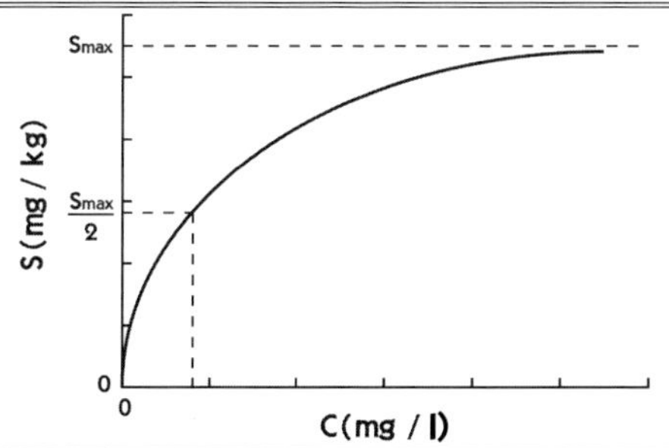

Langmuir 흡착 등온 모델

$$S = S_{max}\frac{C}{C_{0.5} + C}$$

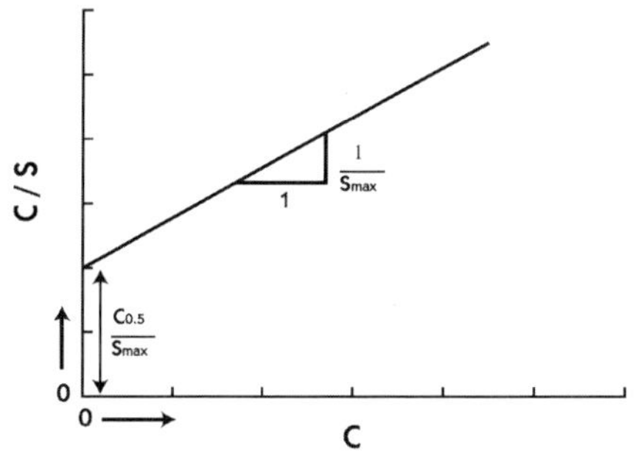

선형화

$$\frac{C}{S} = \frac{1}{S_{max}}C + \frac{C_{0.5}}{S_{max}}$$

4.3.4. 비평형 흡착 모델

모든 평형 흡착 모델은 흡착에 의한 농도변화가 다른 현상에 의한 것보다 훨씬 크고 또한 유속이 충분히 낮아 평형에 쉽게 도달한다고 하는 가정에 근거한다. 하지만, 이러한 가정이 성립되지 않을 경우, **비평형 흡착** 모델을 적용하는 것이 적절하다. 가장 간단한 비평형 모델 조건은 흡착률이 액상 농도의 함수로 표현되고 흡착이 되면 탈착이 일어나지 않는다고 하는 것이다. 이러한 것을 비가역 반응(irreversible reaction)이라고 하며, 가역흡착에 의한 용질의 지연효과가 아닌, 액상 용질의 감소로 나타난다. 이러한 **비가역 1계 비평형 흡착** 모델(irreversible first-order kinetic sorption model)은 다음과 같은 수식으로 표현된다.

$$\frac{\partial S}{\partial t} = k_1 C \qquad (10)$$

만약 흡착률이 이미 흡착된 용질 양과 관련되고 반응이 가역적인 경우 가역

선형 비평형 흡착 모델(reversible linear kinetic sorption model)이 사용되며 다음과 같다.

$$\frac{\partial S}{\partial t} = k_2 C - k_3 S \tag{11}$$

여기서, k_2는 흡착률 상수(forward rate constant), k_3는 탈착률 상수(backward rate constant)이다.

고체내에 두 개의 다른 흡착기(two-site sorption model)가 있어, 즉 빠른 흡착 혹은 평형 흡착과 느린 흡착 혹은 비평형 흡착(kinetic or rate-limited sorption)이 동시에 존재할 경우, 각 흡착기에 있어서의 흡착농도와 평형농도 사이에는 다음 식이 성립된다.

$$S = K_d C \tag{12}$$

$$S = S_1 + S_2 \tag{13}$$

$$f = S_1/S \ , \ 1 - f = S_2/S \tag{14}$$

$$S_1 = f K_d C \tag{15}$$

$$S_2 = (1 - f) K_d C \tag{16}$$

여기서, S_1, S_2는 각각 평형 및 비평형 흡착농도(mg/kg)이고, f는 평형흡착기의 비율, K_d는 평형배치 시험으로부터 결정되는 분배상수(l/g)이다.

임의의 시간 t에서의 평형, 비평형 흡착농도는 다음과 같이 주어진다.

$$\frac{\partial S_1}{\partial t} = f K_d \frac{\partial C}{\partial t} \tag{17}$$

$$\frac{\partial S_2}{\partial t} = \alpha ((1 - f) K_d C - S_2) \tag{18}$$

여기서 α는 느린 흡착기에서 고상과 액상에서의 용질 농도차에 의한 용질 전달률 상수이다.

만약 고체 표면에 용질의 가역(reversible) 및 비가역(irreversible) 흡착이 동시에 존재한다면 다음과 같다.

$$\frac{\partial S_1}{\partial t} = K_d \frac{\partial C}{\partial t} \tag{19}$$

$$\frac{\partial S_2}{\partial t} = k_1 C \tag{20}$$

4.3.5. 소수성 유기화합물의 흡착

지하수에 용해되어 있는 대부분의 유기화합물들은 소위 "hydrophobic effect"에 의하여 고체표면에 흡착된다. 이러한 화합물들은 극성에 있어 약간의 차이가 있겠지만 중성으로 존재하며, 용해도는 극성 물 분자의 인력 정도에 따라 좌우된다. 이러한 인력은 또한 유기화합물 분자 스스로의 극성과도 관계된다. 소수성(hydrophobic) 화합물은 대부분의 비극성 유기용제에 용해되나 물에는 용해도가 낮다. 순수 광물 표면에의 유기화합물의 흡착량은 미미할 뿐만 아니라 제한적이며, 토양이나 대수층내의 유기성 고체(유기물)의 비율이 전체의 흡착을 주도한다.

|그림 4.3.5| 염소계 유기화합물(bromacil)의 분말 활성탄 함량에 따른 분배계수(K_d) (adapted from Kim et al., 2007)

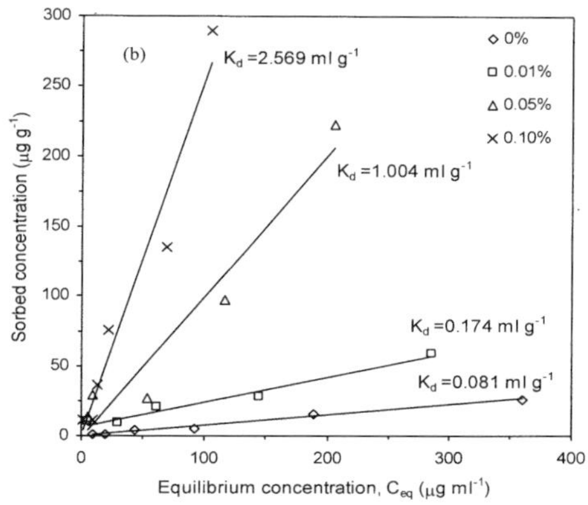

토양이나 대수층환경에서 고체표면으로의 용질 분배는 전적으로 유기탄소함량(그림 4.3.5)에 의존된다. 이러한 조건에서 유기탄소의 분배계수, K_{oc}는 다음 식으로 정의된다.

$$K_{oc} = \frac{K_d}{f_{oc}} \quad (21)$$

여기서, f_{oc}는 유기탄소 함량비이다.

|그림 4.3.6| 유기화합물의 유기탄소함량(f_{PAC})과 분배계수(K_d)와의 상관관계(adapted from Kim et al., 2007)

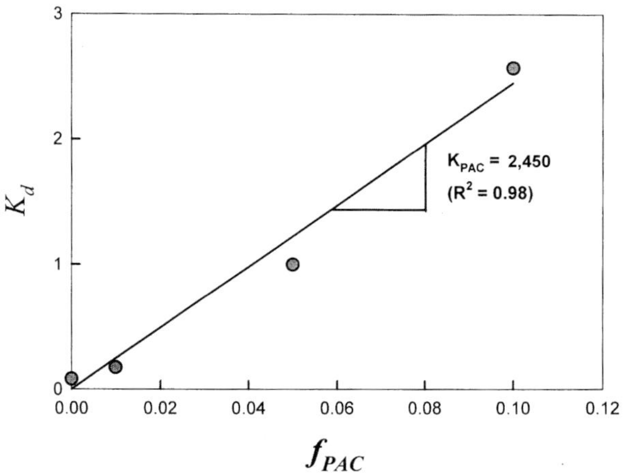

4.4. 운송방정식

4.4.1. 비 흡착성 물질

운송방정식 중 대류-확산 방정식(convective-dispersive equation) 형태는 Freeze and Cherry(1979), Bear(1972), Ogata(1970) 등의 연구에 근거한다. 방정식 도출에 적용된 가설은 다공성 매질체가 균질 및 등방성이고, 포화되어 있으며, Darcy 법칙이 성립된다는 것이다. 다공성 매질체내 미세한 대표 요소 체적(representative elementary volume: REV), (그림 4.4.1)에서의 용질의 유입량과 유출량에 대하여 질량보존의 법칙을 적용함으로써 운송 방정식이 도출된다.

|그림 4.4.1| 균질/등방성 수리특성을 가진 대수층 매질체내 REV 모식도

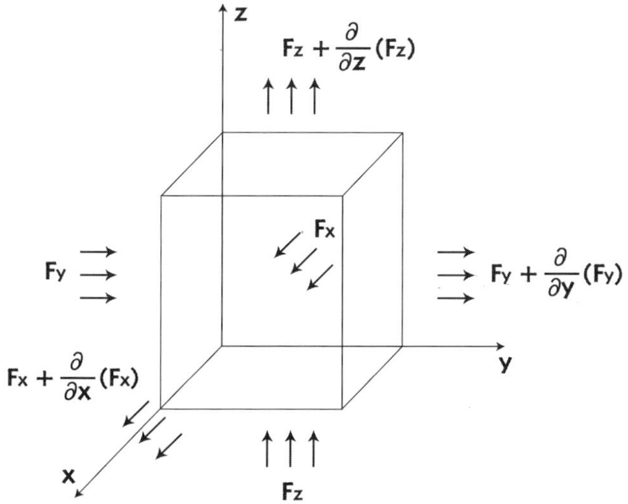

공극 유속(V)은 Vx, Vy, Vz의 성분을 가지고 있으며, 용질의 농도 C는 용액의 단위 체적당 질량이다. 단위 매질체 체적에 대한 용질의 질량은 공극률 n과 C의 곱이며, 공극률은 일정하다고 가정한다. 비흡착성 용질은 대류와 확산에 의해서 운송되며, i방향으로의 용질 운송은 다음 식으로 주어진다.

$$Convective\, transport = V_i n C dA \tag{1}$$

$$Dispersive\, transport = n D_i \frac{\partial C}{\partial i} dA \tag{2}$$

여기서, dA는 단면적이며, i는 단면적에 수직이다.

단위 시간당 단면적을 통하여 운송되는 용질의 질량은 대류와 확산의 합이며 다음 식과 같이 주어진다.

$$F_i = V_i n C - n D_i \frac{\partial C}{\partial i} \tag{3}$$

여기서 음의 부호는 확산에 의한 용질 유량이 농도가 높은 곳에서 낮은 곳으로 발생함을 의미한다. REV 세 방향으로 유입되는 총 용질량은

$$F_x dz dy + F_y dz dx + F_z\, dx dy$$

유출되는 총 용질량은

$$(F_x + \frac{\partial F_x}{\partial x} dx) dz dy + (F_y + \frac{\partial F_y}{\partial y} dy) dz dx + (F_z + \frac{\partial F_z}{\partial z} dz) dx dy$$

유입과 유출량의 차는

$$-(\frac{\partial F_x}{\partial x} + \frac{\partial F_y}{\partial y} + \frac{\partial F_z}{\partial z}) dx dy dz$$

한편, REV내 질량 변화율은

$$n \frac{\partial C}{\partial t} dx dy dz$$

질량보존의 법칙에 의해서 유입과 유출량의 차는 REV내의 질량 변화율과 같아야 하므로 다음 식으로 표현된다.

$$\frac{\partial F_x}{\partial x} + \frac{\partial F_y}{\partial y} + \frac{\partial F_z}{\partial z} = -n \frac{\partial C}{\partial t} \tag{4}$$

식 (3)을 식 (4)에 대입하여 정리하면

$$\begin{aligned} &[\frac{\partial}{\partial x}(D_x \frac{\partial C}{\partial x}) + \frac{\partial}{\partial y}(D_y \frac{\partial C}{\partial y}) + \frac{\partial}{\partial z}(D_z \frac{\partial C}{\partial z})] \\ &- [\frac{\partial}{\partial x}(V_x C) + \frac{\partial}{\partial y}(V_y C) + \frac{\partial}{\partial z}(V_z C)] = \frac{\partial C}{\partial t} \end{aligned} \tag{5}$$

식 (5)는 보존성 용질에 대한 3차원 운송 방성식이다.

일반적으로 균질 매질체에서 D_X, D_y, D_Z는 공간적으로 변하지 않는다. 그러나 확산계수는 흐름방향으로의 함수이므로 $D_X \neq D_y \neq D_z$이다. 균질 등방성 매질체에 대하여 1차원 운송 방정식은 식 (6)과 같다.

$$D_L \frac{\partial^2 C}{\partial x^2} - V_x \frac{\partial C}{\partial x} = \frac{\partial C}{\partial t} \quad (6)$$

동일 속도장(velocity field)을 가진 균질 매질체에서 2차원 운송 방정식은 식 (7)로 표현된다.

$$D_L \frac{\partial^2 C}{\partial x^2} + D_T \frac{\partial^2 C}{\partial y^2} - V_x \frac{\partial C}{\partial x} = \frac{\partial C}{\partial t} \quad (7)$$

4.4.1.1. 침출수농도와 잔존수농도

토양이나 지하 대수층 매질체내에서 용질이 이동할 때 용질의 농도는 대상 매질체의 영역(REV 혹은 파과곡선 실험 시 컬럼 길이)과 관계된다. 예를 들면, 그림 4.4.2에서 보는 바와 같이 매질체 내부의 특정영역(공극)에 존재할 때의 농도를 **잔존수농도**(resident concentration)라 하고, 매질체의 하부경계조건에서 유출하는 용질의 농도를 **침출수농도**(flux concentration)라 한다.

|그림 4.4.2| 토양내 용질 이동시 존재하는 잔존수농도와 침출수농도의 형태

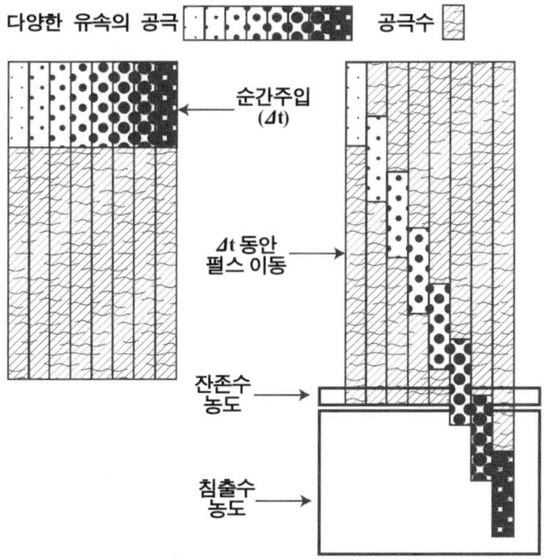

일반적으로 용질의 침출수 유량(solute flux), q_s는 평균유속(water flux), q_w와

다음의 관계가 성립한다.

$$q_s = C^f q_w \tag{8}$$

여기서 C^f는 침출수농도(mg/l)이다.
한편 침출수 유량 q_s는 잔존수농도(C^r)와 다음의 관계를 갖는다.

$$q_s = -\theta D \frac{\partial C^r}{\partial x} + q_w C^r \tag{9}$$

식 (8)과 식 (9)로부터 침출수농도와 잔존수농도의 관계는 다음 식 (10)으로 주어진다.

$$C^f = C^r - \frac{D}{V}\frac{\partial C^r}{\partial x} \tag{10}$$

식 (6)으로 주어진 1차원 비반응 용질이동 지배 방정식이 침출수농도형태로 주어졌다고 가정하면

$$D_L \frac{\partial^2 C^f}{\partial x^2} - V_x \frac{\partial C^f}{\partial x} = \frac{\partial C^f}{\partial t} \tag{11}$$

식 (10)을 식 (11)에 대입하여 정리하면 식 (12)와 같이 잔존수농도에 관한 1차원 운송 지배방정식으로 표현된다.

$$D_L \frac{\partial^2 C^r}{\partial x^2} - V_x \frac{\partial C^r}{\partial x} = \frac{\partial C^r}{\partial t} \tag{12}$$

4.4.2. 운송방정식의 해석해

식 (6)으로 주어지는 다공성 매질체에서의 1차원 비반응 혹은 보존성 용질이동 지배방정식의 해석해는 초기조건, 상부경계조건, 하부경계조건에 따라 달라진다. 초기조건은 추적자가 부과되기 전의 토양내 존재하는 용질의 배경농도를 의미하며 보통 C_i=0을 도입하는 경우가 대부분이다. 상부경계조건은 추적자 주입 경

계면에서의 농도 부과 형태에 따라 다양하게 존재하며 순간주입(pulse injection), 연속주입(step injection), 농도(concentration type or first type), 용질 유량(flux type or third type) 부과 등의 조건이 있다. 하부경계조건에는 1차원 컬럼의 길이에 따라 다르게 적용되며 무한대(infinite), 준무한대(semi-finite), 유한(finite) 등의 조건이 있다.

순간주입시 준무한대 하부경계조건과 농도 부과 형태의 상부경계조건을 적용하였을 경우 하부경계면을 따라 유출하는 용질의 농도는 다음 식으로 표현된다(Lapidus and Amundson, 1952).

$$C(L,t) = \frac{C_o}{2} erfc(\frac{L-Vt}{2\sqrt{DT}}) + \frac{1}{2} exp(\frac{VL}{D}) erfc(\frac{L+Vt}{2\sqrt{Dt}}) \tag{13}$$

순간주입시 준무한대 하부경계조건과 용질유량 부과 형태의 상부경계조건을 적용하였을 경우 하부경계면을 따라 유출하는 용질의 농도는 다음 식으로 표현된다(Lindstrom et al., 1967).

$$\begin{aligned} C(L,t) &= \frac{C_o}{2} erfc(\frac{L-Vt}{2\sqrt{DT}}) + (\frac{V^2 t}{\pi D})^{1/2} \exp(-\frac{(L-Vt)^2}{4Dt}) \\ &- \frac{1}{2}(1+\frac{VL}{D}+\frac{V^2 t}{D})\exp(\frac{VL}{D}) erfc(\frac{L+Vt}{2\sqrt{Dt}}) \end{aligned} \tag{14}$$

한편 비교적 짧은 기간의 순간주입인 경우 컬럼 하부에 유출되는 용질의 농도는 다음 식으로 주어진다.

$$C(L,t) = \frac{C_o L}{2\sqrt{\pi D t^3}} exp(-\frac{(L-Vt)^2}{4Dt}) \tag{15}$$

순간주입, 유한 하부경계조건, 농도부과의 상부경계조건의 경우, 해석해(Clearly and Adrian, 1973)는

$$\frac{C}{C_o}=1-\sum_{m=1}^{\infty}\frac{2\beta_m \sin(\frac{\beta_m x}{L})\exp[\frac{Vx}{2D}-\frac{V^2 t}{4DR}-\frac{\beta_m^2 Dt}{L^2 R}]}{\beta_m^2+(\frac{VL}{2D})^2+\frac{VL}{2D}} \tag{16}$$

여기서, β_m은 다음식의 양근이다.

$$\beta_m \cot(\beta_m)+\frac{VL}{2D}=0 \tag{17}$$

위 급수해는 VL/D의 수치가 클 경우 천천히 수렴한다. 또한 다음의 조건을 만족할 경우

$$\frac{VL}{D}>5+40\frac{Vt}{RL} \quad \text{or} \quad \frac{VL}{D}>100 \tag{18}$$

다음과 같은 근사해(van Genuchten and Alves, 1980)가 사용될 수 있다.

$$\begin{aligned} C/C_o = & \frac{1}{2}erfc(\frac{L-Vt}{2\sqrt{Dt}})+\frac{1}{2}exp(\frac{VL}{D})erfc(\frac{L+Vt}{2\sqrt{Dt}}) \\ & +\frac{1}{2}[2+\frac{VL}{D}+\frac{V^2 t}{D}]\exp(\frac{VL}{D})erfc(\frac{L+Vt}{2\sqrt{Dt}}) \\ & -(\frac{V^2 t}{\pi D})^{1/2}\exp(\frac{VL}{D}-\frac{(L+Vt)^2}{4Dt}) \end{aligned} \tag{19}$$

순간주입, 유한 하부경계조건, 용질유량 부과의 상부경계조건의 경우 해석해(Brenner, 1962)는

$$\frac{C}{C_o}=1-\sum_{m=1}^{\infty}\frac{\frac{2VL}{D}\beta_m[\beta_m \cos(\frac{\beta_m x}{L})+\frac{VL}{2D}sin(\frac{\beta_m x}{L})\exp[\frac{Vx}{2D}-\frac{V^2 t}{4DR}-\frac{\beta_m^2 Dt}{L^2 R}]}{[\beta_m^2+(\frac{VL}{2D})^2+\frac{VL}{D}][\beta_m^2+(\frac{VL}{2D})^2]} \tag{20}$$

위 (19) 조건식을 만족시킬 경우 다음과 같은 근사해(Brenner, 1962)가 존재한다.

$$
\begin{aligned}
C/C_o = &\frac{1}{2}erfc(\frac{L-Vt}{2\sqrt{Dt}})+(\frac{V^2t}{\pi D})^{1/2}\exp[\frac{(L-Vt)^2}{4Dt}] \\
&-\frac{1}{2}[1+\frac{VL}{D}+\frac{V^2t}{D}]\exp(\frac{VL}{D})erfc(\frac{L+Vt}{2\sqrt{Dt}}) \\
&+(\frac{4V^2t}{\pi D})^{1/2}[1+\frac{V}{4D}(L+Vt)\exp[\frac{VL}{D}-\frac{1}{4Dt}(L+Vt)^2] \\
&-\frac{V}{D}[L+\frac{3Vt}{2}+\frac{V}{4D}(L+Vt)^2\exp(\frac{VL}{D})erfc[\frac{L+Vt}{2\sqrt{Dt}}]
\end{aligned} \tag{21}
$$

4.4.3. 운송 파라미터의 추정

식 (6)으로 주어지는 1차원 비반응 용질 이동 방정식의 해는 대류계수 V와 확산 계수 D를 포함하고 있으므로 토양이나 대수층 매질체내 용질의 분산 혹은 확산에 의한 오염정도를 파악하기 위해서는 이들 파라미터에 관한 정보가 요구되며, 이들을 결정하기 위해서 **파과곡선**(breakthrough curve: BTC) 실험을 수행하게 된다. BTC 실험의 목적은 주어진 운송거리 x에서 용질의 농도 C를 시간 t에 대하여 측정하는 것이며 이들 실측 자료에 이론적 해석해를 최적화 기법에 의하여 적용(fitting)함으로써 V와 D를 역산(inverse modeling)법에 의해 추정하게 된다.

4.4.3.1. 파과곡선 실험

대상 시료를 교란 혹은 불교란 상태에서 특정 길이 L을 가진 컬럼에 균질 성형한 후 용질의 농도가 제로인 배경수(solute-free water)로 일정 유량을 부과하여 정상류 상태에 도달하게 한다. 정상류(steady-sate flow) 상태에서 용질 이동 실험을 하는 이유는 식 (5)에서 식 (6)으로 전환되는 과정에서 평균유량(q)과 공극률(n) (불포화 토양에서는 함수량 θ)로 구성되는 대류계수 V가 거리를 나타내는 독립변수 x의 미분연산자 외부로 나오게 되며 이로써 상수항으로 간주되기 때문이다. 배출수의 유량 혹은 컬럼내 시료의 함수량을 측정하여 정상류 상태에 도달한 것을 확인하게 되면 일정량의 용질을 시료 상부에 부과하여 컬럼하부에 유출하는 침출수의 농도를 측정하게 된다.

|그림 4.4.3| 컬럼규모에서의 1차원 용질이동 측정을 위한 파과곡선 실험 모식도

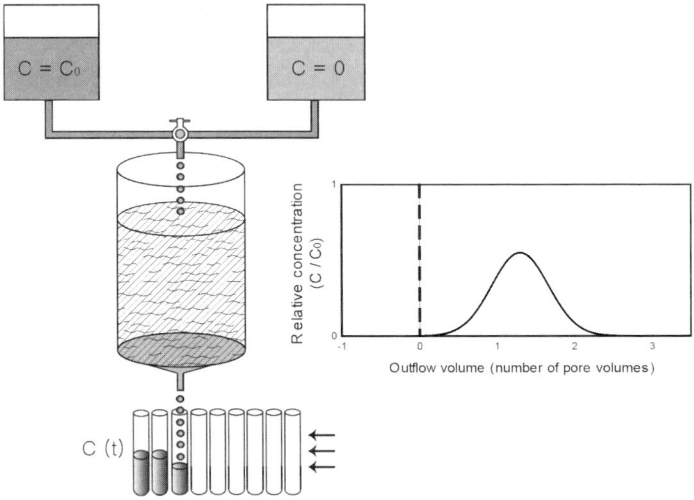

파과곡선 실험시 용질 농도의 측정에는 침출수농도와 잔존수농도 측정이 모두 가능하며, 전자는 그림 4.4.3에서 보는 바와 같이 컬럼 하부경계면을 유출하는 유량의 농도를 임의 시간 t에 측정하는 것이며, 후자는 TDR(time domain reflectometry)기법(Kim et al., 1998; Kim et al., 2000)을 이용하여 컬럼내 특정 깊이에서 용질의 농도를 측정하는 것이다(그림 4.4.4).

|그림 4.4.4| 현장토양에서의 잔존수농도 측정을 위한 일정 깊이별 TDR probe 설치 모식도(adapted from Jacques et al., 1998)

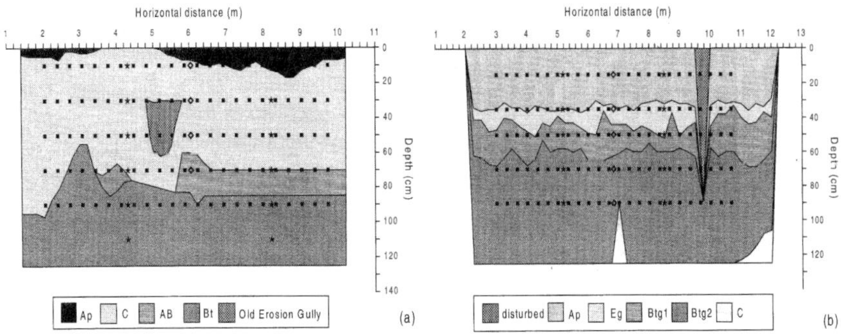

특정 깊이에서 측정되는 잔존수 혹은 침출수 형태의 용질의 농도는 시료 상부에 부과하는 용질의 주입방식(injection mode)에 따라 다르게 나타나며, 순간 주입(pulse injection)과 연속 주입(step injection)으로 구분된다. 순간 주입 방식에는 dirac delta 방식과 square pulse 방식이 있으며, 전자는 아주 짧은 시간에 미량의 용질(추적자)을 spike형태로 부과하는 것이며(그림 4.4.5), 후자는 일정시간 동안 소량의 용질을 주입하는 것이다.

|그림 4.4.5| Dirac-delta 형태의 순간주입시 나타나는 파과곡선 형태. 운송거리 (깊이)가 커질수록 용질의 확산이 증가하는 것을 알 수 있다.

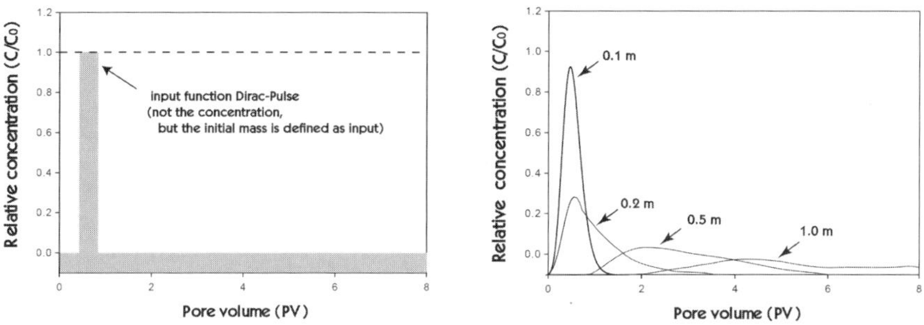

순간 주입시 일정 깊이에서 측정되는 용질의 농도는 peak형태로 나타나며 시간대 농도(C-t)곡선에서 주입농도곡선하의 면적과 측정농도곡선하의 면적은 비반응 용질에 대하여 이론적으로 동일하여야 하며, 이들의 비는 질량회복도(mass recovery)로 표현되며 BTC실험의 성공여부 혹은 정밀도와 관련된다.

주입농도 C_o, 주입시간 t_o에 대하여 측정된 파과곡선의 질량회복도(MR)는

$$MR = \frac{\int_0^{\infty} C^f dt}{C_o t_o} \tag{22}$$

|그림 4.4.6| 질량회복도와 관련된 주입농도 면적 및 측정농도 면적

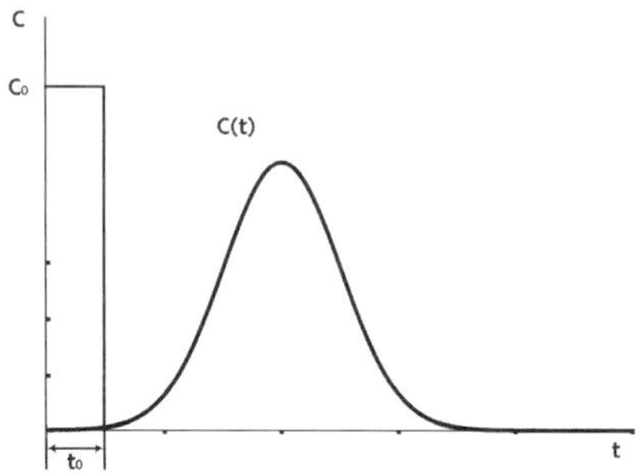

연속 주입시 측정되는 농도형태는 누적곡선 형태(그림 4.4.7)이며 일정시간 경과 후 주입농도와 유출농도는 평형에 도달하게 된다.

|그림 4.4.7| 연속 주입시 발생되는 파과곡선 형태

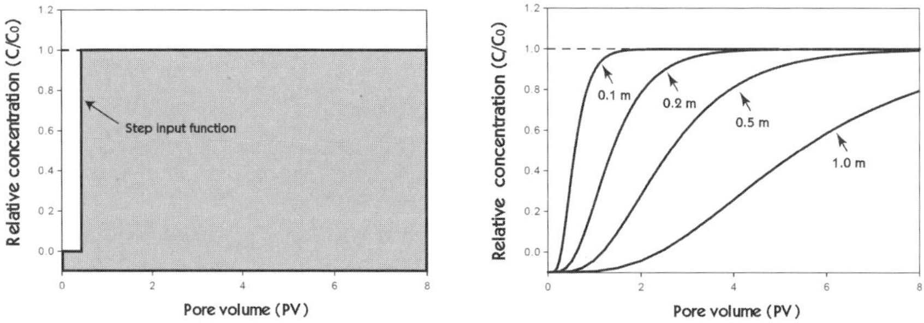

4.4.3.2. 운송파라미터 해석

1) Peclet number

페클릿 수(peclet number)는 비반응성 용질이 토양이나 지하대수층 매질체를 이동할 때 분자분산을 무시할 경우 운송거리 L에서 "역학적 확산에 대한 대류현상의 비"로 정의되며 다음과 같은 수식으로 표현된다.

$$P = \frac{VL}{D} \tag{23}$$

그림 4.4.8은 컬럼의 상부경계면에 비반응 용질을 순간 주입시 컬럼길이 L지점에서 유출되는 침출수의 농도를 대류계수와 확산계수의 변화, 즉 페클릿 수에 따른 파과곡선의 형태를 보여 주고 있다.

|그림 4.4.8| 순간 주입시 페클릿 수에 따른 침출수의 농도 곡선(파과곡선) 변화

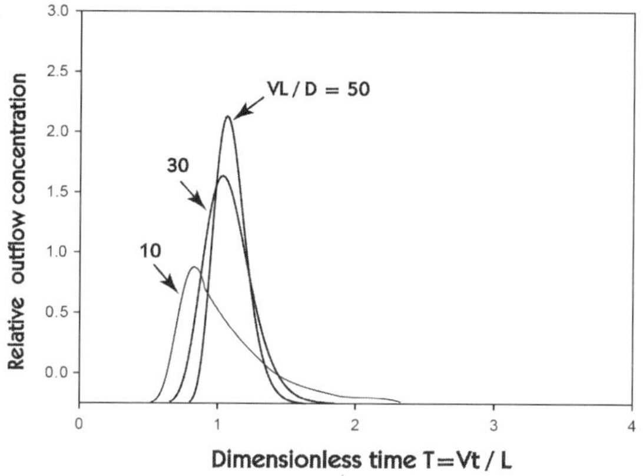

그림 4.4.8에서 보는 바와 같이 V에 비해 D가 상대적으로 클수록 페클릿 수가 낮아지고 확산이 크게 나타난다는 것을 알 수 있다. 반대로 D에 비해 V가 상대적으로 커질수록 페클릿 수가 커지고 확산은 작게 나타난다는 것을 알 수 있다.

한편 페클릿 수는 분자분산(D_d)에 대한 대류현상의 비로도 표현할 수 있는데

$$P = \frac{VL}{D_d} \qquad (24)$$

그림 4.4.9에서 보는 바와 같이 Pfannkuch(1963)는 175개의 실험치를 이용하여 식 (24)로 주어지는 페클릿 수를 x축, D/D_d의 비를 y축에 도시하였으며, 이 경우 4개의 영역이 형성되는 것을 알 수 있다.

|그림 4.4.9| 분자분산과 확산과의 상관관계(adapted from Pfannkuch, 1963)

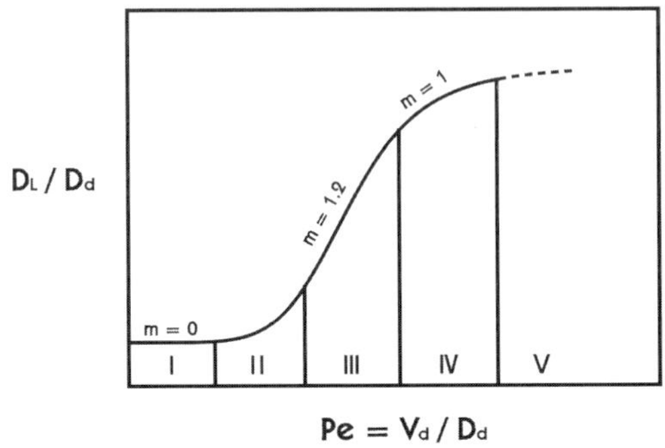

그림 4.4.9의 영역 I에서는 D/D_d 값은 페클릿 수와 관계없이 일정한 수치를 보여 주게 되나 대류확산이 분자분산에 비하여 현격히 낮으므로 D/D_d의 비가 낮게 나타나게 된다. 이럴 경우 분자분산이 오염물질 운송 기작을 지배하게 된다. 이러한 영역에 들기 위한 조건은 공극에서의 운송시간이 분자분산에 필요한 시간보다 같거나 길어질 때이다.

영역 II에서는 페클릿 수의 범위가 대략 0.4－5 정도되며 분자분산은 역학적 확산과 거의 같은 정도로 발생하므로 이들 두 현상 모두 중요하게 작용된다. 영역 III에서의 주요 확산은 역학적 확산과 횡 분자분산(transversal molecular diffusion)이 결합하여 나타나며 다음의 관계식이 성립된다.

$$D/D_d = \alpha(Pe)^m \ ; \ \alpha = 0.5; \ \ 1 < m < 1.2 \qquad (25)$$

이 영역에서의 횡 분자분산은 종 확산(longitudinal dispersion)을 감소하는 경향이 있다. 역학적 확산이 지배적인 영역은 IV영역이며 분자분산은 무시할 수 있다. 이 경우 다음 식이 성립된다.

$$D/D_d = \beta Pe \ ; \ \ \beta = 1.8 \qquad (26)$$

영역 V에서도 역학적 확산이 지배적이고 분자분산을 무시할 수 있으나 관성과 와류현상에 의한 확산을 고려해야 한다.

2) Damkhöler number

Damkhöler수는 반응성 오염물질이 대수층을 통과할 때 대류속도에 대한 반응정도를 나타내는 지수로서 다음과 같이 주어진다.

$$D_a = \frac{kL}{V} \quad (27)$$

여기서, k는 비가역 흡착 또는 생물학적 분해 등과 같은 반응상수이고 V는 대류계수로서 오염물질의 운송속도와 관련된다. 벤젠의 경우 1차원 컬럼 규모에서 비가역 흡착에 대한 운송속도와의 관계(Kim et al., 2006)가 그림 4.4.10에 나타나 있으며, 시간의존적인 비가역 흡착계수의 객관적인 평가를 위해서는 위 식에 의한 Damkhöler 수의 도입이 필요하다. 그림에서 보는 바와 같이 공극유속이 증가함에 따라 D_a가 감소하게 되고 이는 반응시간의 감소 때문으로 설명된다.

|그림 4.4.10| 공극유속에 따른 비가역 흡착계수와 Damkhöler수

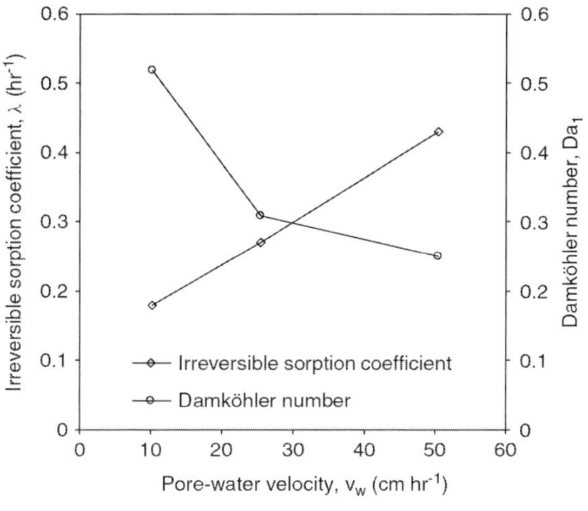

4.4.3.3. 시간모멘트 분석(time moment analysis)

반응성 혹은 비반응성 용질의 파과곡선은 농도를 시간에 대하여 도시하였을 때 정규분포(gaussian distribution)의 형태보다 log-normal 형태의 분포를 가지게 되며, 이럴 경우 운송시간(travel time)의 평균치(expected value)는 첨두농도가 발생하는 시간이 아니라 조금 더 늦게 나타난다. 시간 모멘트 해석은 농도와 같은 어떤 종속변수가 시간 (t)에 대하여 표현되고 그 분포에 대한 평균시간을 구하고자 할 때 도입되는 개념으로 N차 시간 모멘트는

$$E^N(t) = \int_0^\infty t^N f(t)\,dt \tag{28}$$

여기서 f는 용질 농도의 확률 밀도 함수로서 다음 식으로 정의된다.

$$f(t) = \frac{C(t)}{\int_0^\infty C(t)\,dt} \tag{29}$$

확률 밀도 함수는 다음과 같은 몇 가지 특성을 가지고 있다.

1) 확률 밀도 함수를 적분하면 1이 된다.

$$\int_0^\infty f(t)\,dt = 1 \tag{30}$$

2) 1차 시간 모멘트는 운송시간의 평균치이다.

$$E(t) = \int_0^\infty t\,f(t)\,dt \tag{31}$$

3) 운송시간의 분산은 2차 시간 모멘트와 1차 시간 모멘트의 제곱의 차와 같으며 확산계수와 같은 개념을 가진다.

$$Var(t) = \int_0^\infty (t - E(t))^2 f(t)\,dt = E(t^2) - E^2(t) \tag{32}$$

4.5. TDR의 응용

4.5.1. 서론

시간영역 광전자파 분석기(time-domain reflectometry)는 토양수분 측정을 위한 새로운 도구로 사용되고 있다. 초창기의 TDR 사용은 유기분자 화합물이 유전상수의 주파수에 의존한다는 사실로부터 분자구조를 추론하기 위한 시도로 시작되었다.

Fellner-Feldegg(1969)에 의해서 동축 전달선(coauxial transmission line)을 따라 전파된 광전자 펄스(electromagnetic pulse)에 대한 반응을 기록함으로써 완전한 주파수 스펙트럼을 얻는 데 사용되었다. 그 후 TDR은 토양내 설치된 평행 혹은 2선 금속 탐침을 따라 전파된 광전자파의 운송시간과 파의 감쇄를 결정함으로써 토양의 유전상수와 전기전도도를 측정하는 방법으로 사용되고 있다. 이론분석 및 실험을 통하여 광전자파의 운송시간이 토양의 유전상수와 비례하며, 파 에너지 감쇄는 토양의 전기전도도와 비례한다는 사실이 입증되었다. 이 두 개의 물리적 파라미터는 기본적으로 토양수분함량과 토양수분염도와 관련된다.

4.5.2. 토양수분함량 측정

토양수분함량의 측정은 궁극적으로 측정기기의 반응 즉 TDR 탐침 길이에 대한 펄스 운송시간과 토양수분함량에 대한 별도의 측정치 사이의 상관성에 의존한다. 펄스운송시간에 영향을 주는 가장 기본적인 물리적 성질은 매질체의 유전적 성질이며, 이는 전자동역학 펄스 속도와 역학으로부터 도출된 각각의 펄스 속도를 등치함으로써 도출된다. 전자동역학 펄스 속도 v는 진공에서의 빛의 속도 c와 매질체의 상대적 유전상수 ϵ로 주어진다. 한편 역학으로부터 도출된 펄스 속도는 운송시간과 파의 이동길이 $2l$로 주어진다.

$$v = c/\sqrt{\epsilon} \quad (1)$$

$$v = 2l/t \quad (2)$$

식 (1), (2)를 동치한 후 유전상수에 대하여 풀면 다음과 같다.

$$\epsilon = \left(\frac{c\Delta t}{2l}\right)^2 \quad (3)$$

그림 4.5.1은 전형적인 출력신호를 가진 TDR시스템을 보여 준다. 발사된 광전자파의 운송시간을 구득하기 위하여 신호를 분석하고 있다.

|그림 4.5.1| 토양수분과 전기전도도 측정을 위한 TDR시스템 모식도

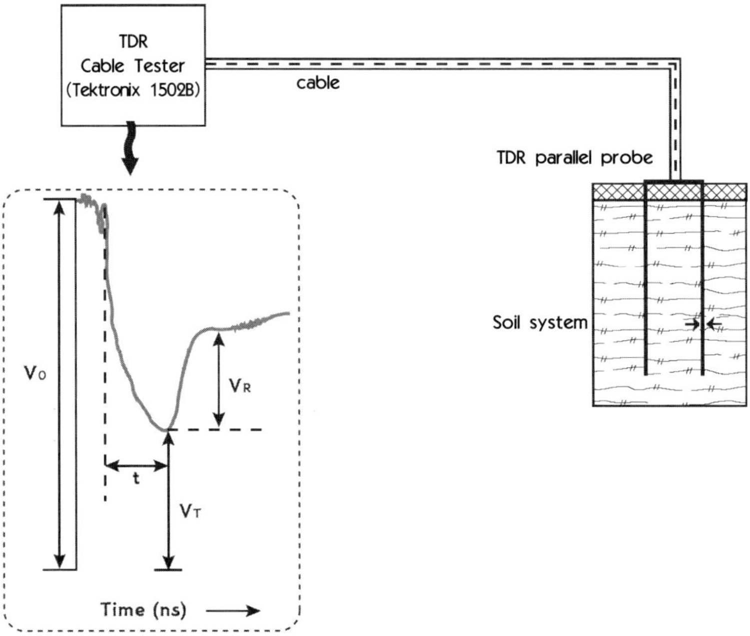

이 신호의 다른 양상(파 에너지의 감쇄)에 대해서는 뒤에서 언급하기로 한다. 탐침 길이가 30cm인 경우, 파의 운송시간은 건조토양에서 약 4ns 그리고 포화토양에서 약 10ns이다. 식 (3)으로부터 산정된 유전상수는 체적수분함량과 관련될 수 있다. Topp et al.(1980)은 일정한 길이를 가진 동축 chamber내에서의 파(펄스)의 운송시간 t를 측정하여 체적수분함량 θ를 가진 토양의 유전상수 ϵ를 산정하여 상관성을 제시하였으며, 이는 토양수분함량 측정에 활용된 TDR기술의 효용성을 입증한 첫 번째 연구가 되었다. 이 연구결과는 다음과 같은 회귀식으로 주어진다.

$$\theta = -5.3\times10^{-2} + 2.92\times10^{-2}\epsilon - 5.5\times10^{-4}\epsilon^2 + 4.3\times10^{-6}\epsilon^3 \quad (4)$$

이 상관식은 다양한 범위의 토양에 대하여 약 1.3%의 오차범위 내에서 잘 맞는 것으로 나타났으나, 사력토나 이토, 점토 혹은 정밀한 측정이 요구되는 경우에는 다소의 수정이 요구된다. 이러한 TDR기법은 토양수분 측정시 기존의 neutron probe의 사용에 의한 방사선 위험을 제거할 뿐만 아니라 현장조건이나 실험실에서의 불교란 토양 컬럼에서도 쉽게 적용가능하기 때문에 그 사용이 크게 기대되고 있다.

토양수분 측정을 위한 TDR탐침의 형상은 2선, 3선 혹은 4선 등과 같이 다양하게 존재하며, 토양내 매설된 탐침길이를 따라 이동하는 광전자파의 운송시간을 정확히 산정하기 위해서는 탐침의 형상(probe geometry)과 관련된 보정이 필수적이다. 그림 4.5.2에서 보는 바와 같이, 주어진 탐침에서의 총 운송시간은 resin 및 토양부분에서의 탐침을 통해 이동하는 파의 운송시간의 합과 같으며 이는 각각 공기와 물에서의 광전자파의 총 운송시간으로 표시된 식 (5) 및 (6)으로 나타낼 수 있다(Heimovaara, 1993).

|그림 4.5.2| 탐침 형상 (resin및 토양에서의 길이)에 따른 파의 운송시간(adapted from Kim et al., 1996)

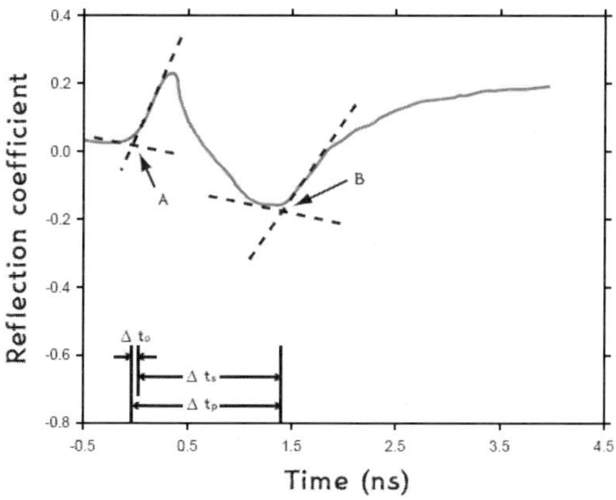

총 운송시간(Δt_p)은 다음과 같이 반향지수(refraction index)의 함수로 나타낼 수 있다.

$$\Delta t_p = \Delta t_0 + \Delta t_s = \Delta t_0 + \mathrm{Ln}_{aa}/c \quad (5)$$

$$\Delta t_p = \Delta t_0 + \Delta t_s = \Delta t_0 + \mathrm{Ln}_{aw}/c \quad (6)$$

$\Delta t_p, \Delta t_0, \Delta t_s$는 총 운송시간, epoxy resin에서의 운송시간, 토양내에 삽입된 탐침에서의 운송시간이다. n_{aa}, n_{aw}는 공기와 물에서의 반향지수, 그리고 L, c는 각각 탐침의 길이 및 자유공간에서의 빛의 속도(3 × 10^8m/s)이다. 반향지수는 유전율(dielectric permittivity)과 다음의 관계로 나타낼 수 있다.

$$n_a = (K_a)^{1/2} \tag{7}$$

여기서, n_a와 K_a는 반향지수와 유전율이다. 공기의 유전율, K_{aa}는 1이다. 물의 유전율 K_{aw}는 물의 온도에 좌우되고, 다음과 같이 주어진다(Hasted, 1973).

$$K_{aw} = 87.740 - 0.40008T + 0.398 \times 10^{-4}T^2 - 1.410 \times 10^{-6}T^3 \tag{8}$$

위 식들 ((5)-(8))에서 미지수인 2개의 탐침 형상 파라미터, Δt_0와 L에 대하여 풀 수 있으며, 이 L값으로부터 n_a 및 c값을 이용하여 토양내 설치된 탐침길이를 통한 운송시간 Δt_s를 구할 수 있다. 이 Δt_s를 식 (4)에 대입하여 궁극적으로 체적 수분함량 θ를 구할 수 있게 된다.

4.5.3. 전기전도도 측정

그림 4.5.3은 전도 및 비전도 매질체에 설치된 평행 2선 탐침을 따라 임의의 전압 에너지 펄스가 전파되는 양상을 도식적으로 보여 주고 있다. 이상적인 비전도성 매질체에 있어서 발사파의 에너지는 반사파의 에너지와 동일하게 나타난다. 염분이 함유된 토양과 같이 전도성 매질체의 경우, 발사파의 에너지는 전도손실로 인하여 감소하게 된다. 따라서 반사파의 전압에너지는 매질체의 전기전도도에 비례하여 감소한다. 그림 4.5.1에 나타났듯이, V_T는 평행탐침에 유입될 때의 전압에너지의 양이고 V_R은 발사파의 원점으로 돌아올 때의 반사파의 에너지의 양이다(Fellner-Feldegg, 1969). 그림 4.5.1에서 V_0는 펄스 발생기에서의 출력전압을 나타낸다. 그림 4.5.4는 매질체에서의 전기전도도 σ가 증가함에 따라 TDR신호 출력파가 어떻게 변화하는가를 도식적으로 보여 주고 있다. 반사파 에너지의 σ에 대한 의존성은 토양 전기전도도의 측정에 중요한 단서가 된다.

|그림 4.5.3| 전도 및 비전도성 매질체에서의 transmitted(발사) 및 reflected(반향) 전압 펄스의 형태(adapted from Dalton and van Genuchten, 1986)

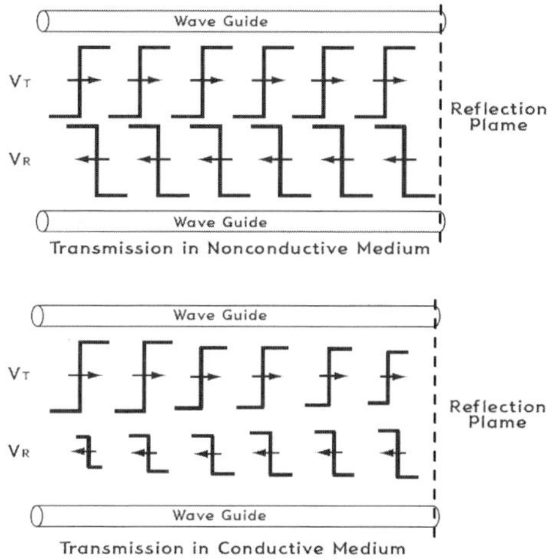

|그림 4.5.4| 세 가지(저, 중, 고)의 전기전도도를 가진 매질체에서 평행 탐침으로부터 출력된 TDR 신호(adapted from Dalton and van Genuchten, 1986)

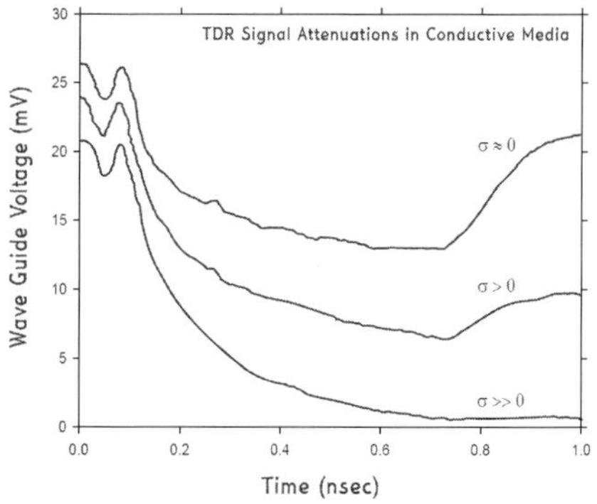

토양수분 측정의 경우에서와 같이 TDR을 이용하여 임의의 토양에 대한 전기전도도를 구할 경우 일련의 보정이 요구된다. 첫 번째 단계는 셀상수(cell constant) K_p와 TDR로 측정된 저항(R)을 bulk soil의 전기전도율(EC_a)로 전환하는 데 필수적으로 요구되는 cable 저항 R_{cable}의 결정이다. 이 단계는 특히 수직으로 설치된

TDR probe에 비해 수평한 상태의 TDR probe에 대해서 더 중요하다. 두 번째 단계는 bulk soil의 전기전도율(EC_a)과 토양수의 전기전도율(EC_w) 혹은 용질농도(C) 사이의 관계이다.

4.5.3.1. 셀 상수와 케이블 저항

토양의 저항(R_s)과 토양의 총 전기전도도(EC_a) 사이의 관계는 셀 상수 K_p (1/m)를 이용하여 다음의 식으로 결정된다.

$$EC_a = K_p\, T_c / R_s \tag{9}$$

여기서, T_c와 R_s는 온도보정요소와 토양의 저항(Ω)이다. EC_a는 25℃에서의 전체 토양의 전기전도도이고 T_c는 측정치를 25℃로 보정하여 준다.

$$T_c = 1 + \alpha(25 - T) \tag{10}$$

여기서, α는 온도계수(1/℃)이고 T는 전기전도도가 측정된 온도이다. Heimovaara et al.(1995)는 α와 T 간에 다음과 같은 선형관계가 형성됨을 발견하였다.

$$\alpha = -5.5 \times 10^{-4}\, T + 0.0342 \qquad r^2 = 0.59 \tag{11}$$

TDR에 의해서 탐지되는 동축선(transmission line) 전체의 총 저항 R_{tot}는 순수 토양 내에서의 저항 R_s와 cable, connectors 및 cable tester 등에서의 케이블의 저항 R_{cable}로 구성된다. R_s는 다음과 같이 계산된다.

$$R_s = R_{tot} - R_{cable} \tag{12}$$

총 저항은 동축선을 따라 긴 시간 동안에 반향된 광전자파의 에너지로부터 획득된다. 왜냐하면, 그때의 파 에너지 혹은 진폭은 동축선의 임피던스(impedance)와 같으며, 저주파에서의 임피던스는 다중반사 이후에서의 저항과 같다.

$$R_{tot} = Z_c \frac{(1+\rho_\infty)}{(1-\rho_\infty)} \tag{13}$$

여기서, Z_c는 cable tester(Tektronix 1502B)의 임피던스(50Ω)이고, ρ_∞는 파의 무한시간 경과 후에서의 반사계수(reflection coefficient)이다. 반사계수는 다음과 같이 전압파(voltage wave)로부터 계산된다.

$$\rho_\infty = (v_\infty - v_A)/v_A \tag{14}$$

여기서, v_∞와 v_a는 그림 4.5.5에 도시된 전압들이다.

|그림 4.5.5| 증류수에서 전형적으로 나타나는 전압단계별 TDR 파형. 전기전도도 분석에 사용되는 각 전압의 크기가 표시되어 있다.(adapted from Kim et al., 1996)

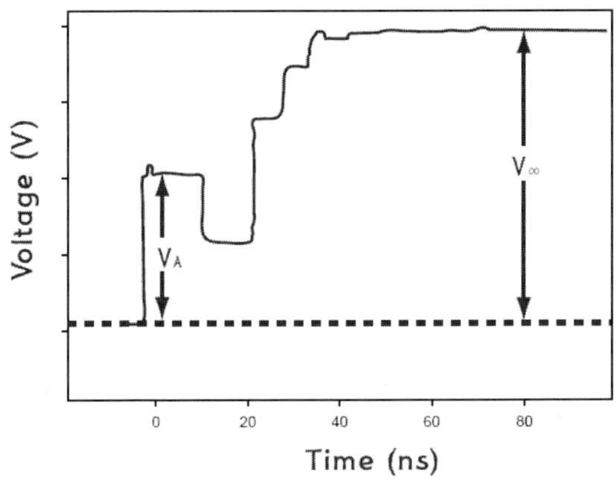

Heimovaara et al.(1995)는 0.1m 길이의 삼중 wire probes일 경우 케이블의 저항은 길이에 따라 선형으로 증가하고 이 저항은 높은 전기전도도(2.5dS/m 이상)에서 중요하다는 것을 발견하였다. 네 가지 다른 전기전도도(0.38, 0.75, 1.57, 12.42dS/m)를 가진 solution에 대하여 셀 상수와 케이블 저항을 결정한 결과 셀 상수 K_p는 $1/R_{tot}$과 온도로 보정된 $EC_a(EC_a/T_c)$의 선형 관계식의 기울기로부터 획득할 수 있었다(Kim et al., 1996). 비교적 높은 전기전도도(12.42dS/m)일 때, 그림 4.5.6에서 볼 수 있듯이 $1/R_{tot}$값의 측정치가 선형 회귀곡선상의 이론치와 차이가 있음을 알 수 있고 이는 총 저항에서 케이블 저항이 차지하는 비중이 크다는 것을 지시한다. 케이블 저항은 선형곡선으로부터의 편차 크기에서 구할 수

있다. 총 전기전도도 EC_a는 식 (12) 및 (13)에서 획득한 T_c, R_s를 이용하여 계산하였다.

|그림 4.5.6| 다양한 네 가지 조건에서 실제의 온도(T_c)에 대한 전기전도도(EC_a)와 측정된 TDR의 $1/R_{tot}$의 관계 그래프(adapted from Kim et al., 1996)

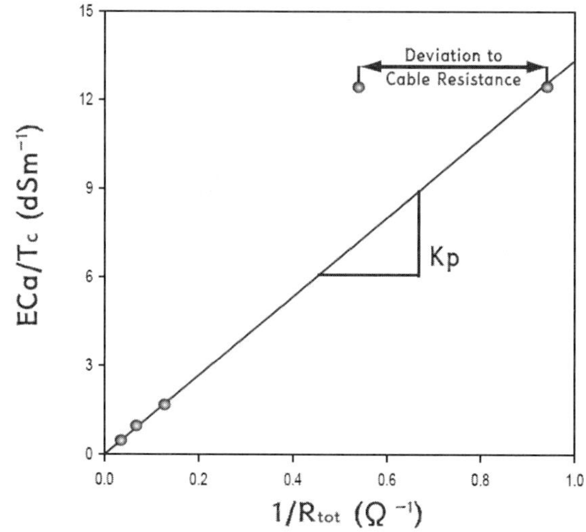

4.5.3.2. 토양 총전기전도도와 공극수의 전기전도도

토양 총전기전도도(EC_a)와 공극수의 전기전도도(EC_w) 간에 관계를 정립하는데는 직접적 및 간접적 방법이 있다. 직접적인 방법은 성형한 토양컬럼 상태에서의 토양 공극수의 농도를 측정한 후 TDR로 측정한 EC_a 간에 관계식을 도출하는 것이다. 간접적인 방법은 검정계수와 conceptual models에 기초를 둔 방법으로 검정계수를 이용하는 방법에는 Ward et al.(1994), Mallants et al.(1994), Vanclooster et al.(1995)에 의해 사용되었던 두 가지 다른 방법이 있다. 첫 번째 방법은 토양컬럼 상부에 용질을 순간주입한 후 일정거리 떨어진 하부 단면에서 파과하여 나타나는 농도곡선(파과곡선)으로부터 검정계수를 구하는 것인데 이는 파과곡선의 질량 회복이 완전히 이루어진다는 가정하에 파과곡선의 시간에 대한 적분치를 주입농도와 주입시간과 곱의 관계로부터 획득할 수 있으며(Vanclooster et al., 1993; Ward et al., 1994) 다음과 같이 나타낼 수 있다.

$$\beta_{z,x} = \frac{C_0 t_0}{\int_0^t \left[\frac{1}{R(z,x,\tau - t_0)} - \frac{1}{R(z,x,t_i)} \right] d\tau} \tag{15}$$

여기서, $\beta_{z,x}$는 z깊이, x위치에서의 검정계수이고, C_0, t_0는 주입농도와 용질 주입기간, $R(z,x,t_i)$는 용질 펄스 적용 이전의 토양의 배경 저항치이다. 또 다른 접근 방법은 용질의 연속 주입(step injection)으로부터 검정계수를 결정하는 방법이다. 임의의 농도를 가진 용질을 토양 컬럼 상부에 연속 주입할 경우 오랜 시간 경과 후 임의의 깊이에 설치된 TDR 저항은 주입농도와 평형을 이루어 일정한 수치를 보일 것이고 이때 TDR로 측정된 EC_a는 주입농도 C_0와 같다고 볼 수 있으므로 다음과 같이 나타낼 수 있다.

$$C_0 = \beta_{z,x} \left[\frac{1}{R(z,x,t_F)} - \frac{1}{R(z,x,t_i)} \right] \tag{16}$$

여기서, $\beta_{z,x}$는 z깊이, x위치에서의 검정계수, $R(z,x,t_F)$는 오랜 시간 경과 후 평형상태일 때의 z깊이, x위치에서의 TDR로 측정한 저항, $R(z,x,t_i)$는 용질 주입 전의 z깊이, x위치에서의 초기저항이다.

4.5.3.3. 공극수의 전기전도도(ECw)와 농도(C)의 상관관계

공극수의 전기전도도 EC_w(dS/m)와 농도 C(dS/m) 사이의 관계는 기지의 여러 가지 다른 농도의 solution에 대하여 용액의 전기전도도(EC_w)를 측정함으로써 도출할 수 있다.

4.6. 운송방정식(흡착성 물질)

대수층 매질체내에서 흡착성을 가진 오염물질이 이동할 때는 4.4절의 식 (6)의 우측 항은 다음 식으로 표현된다.

$$\frac{\partial C_T}{\partial t} = (\frac{\partial C}{\partial t} + \frac{\rho_b}{n}\frac{\partial S}{\partial t}) \quad (1)$$

여기서, C_T는 용질의 전체 농도이고, C, S는 액상 및 고상의 농도, ρ_b는 건조밀도이다. 식 (1)을 4.4절의 식 (6)에 대입하면,

$$(\frac{\partial C}{\partial t} + \frac{\rho_b}{n}\frac{\partial S}{\partial t}) = D_L\frac{\partial^2 C}{\partial x^2} - V_x\frac{\partial C}{\partial x} \quad (2)$$

4.6.1. 지연효과와 농도감소

4.6.1.1. 1기 흡착 평형 모델(one-site equilibrium sorption)

대수층 매질체내에서 용질이 고체내 단일 흡착기(one-site)와 반응할 때 (1) 빠른(평형) 흡착이 일어나고, (2) S와 C간의 관계가 선형을 보이고, (3) 가역적 반응이 일어날 경우, 다음의 관계식이 성립되며

$$\partial S = K_d \partial C \quad (3)$$

식 (3)을 식 (2)에 대입하면

$$(1 + \frac{\rho_b}{n}K_d)\frac{\partial C}{\partial t} = D_L\frac{\partial^2 C}{\partial x^2} - V_x\frac{\partial C}{\partial x} \quad (4)$$

여기서, 식 (4)의 좌변 괄호 항은 상수항으로서 지연계수(R: retardation factor)로 정의된다.

$$R = (1 + \frac{\rho_b}{n}K_d) \quad (5)$$

지하대수층 매질체에서 오염물질이 연속해서 한 지점에 주입될 경우 일정시간 경과 후 나타나는 오염물질의 농도곡선이 그림 4.6.1에 도시되어 있다. 비보존성물질의 경우 고체표면과 평형, 가역적 흡착반응으로 인하여 지연효과(retardation effect)가 발생하여 보존성 오염물질보다 R계수만큼 느리게 형성되는 것을 알 수 있다.

|그림 4.6.1| 연속주입시 평형, 가역, 선형 등온 흡착을 보이는 오염물질의 지연효과

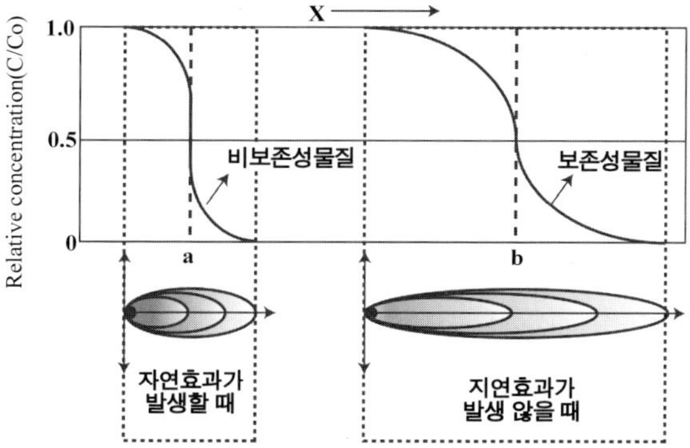

비선형 모델인 경우 지연계수는 Freundlich 및 Langmuir 모델에 대하여 각각 다음의 식으로 표현된다.

$$R_F = (1 + \frac{\rho_b}{n} K_d N C^{N-1}) \quad (6)$$

$$R_L = (1 + \frac{\rho_b}{n} (\frac{\alpha\beta}{(1+\alpha C)^2})) \quad (7)$$

4.6.1.2. 1기 비가역 흡착 모델

식 (10)으로 주어진 흡착 즉 비평형 비가역 흡착이 발생하는 경우, 운송방정식은 다음과 같이 표현된다.

$$\frac{\partial C}{\partial t} = D\frac{\partial^2 C}{\partial x^2} - V\frac{\partial C}{\partial x} - \frac{\rho_b}{n}\frac{\partial S}{\partial t} \quad (8)$$

$$\frac{\partial S}{\partial t} = kC \quad (9)$$

여기서, 비평형 배치시험 조건에서 고체 질량을 m_s, 용액의 체적을 V, 초기 농도를 C_o라 하면 질량보존의 법칙에 의하여

$$m_s S + VC = VC_o \tag{10}$$

이 성립하게 된다. 따라서 식 (9) 및 (10)으로부터 다음 식이 성립되며

$$\frac{\partial C}{\partial t} = -\left(\frac{k m_s}{V}\right) C = -aC \tag{11}$$

액상에서의 용질의 농도감소는 다음과 같이 지수적 소멸(exponential decay) 형태로 나타나야 한다.

$$C = C_o Exp(-at) \tag{12}$$

|그림 4.6.2| 비가역 흡착을 보이는 수용성 벤젠에 적용한 지수모델(adapted from Kim et al., 2004a)

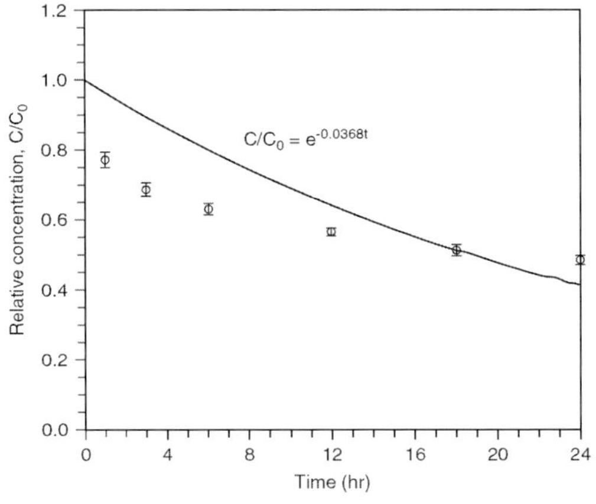

따라서 파라미터 a와 k는 다음과 같은 관계를 갖는다.

$$k = \frac{V}{m_s} a \tag{13}$$

한편, 용질 운송 방정식으로부터 식 (9)를 식 (8)에 대입하면,

$$\frac{\partial C}{\partial t} = D\frac{\partial^2 C}{\partial x^2} - V\frac{\partial C}{\partial x} - \mu C \tag{14}$$

여기서 μ는 비가역 흡착 상수로서 다음과 같이 표현된다.

$$\mu = k\frac{\rho_b}{n} \tag{15}$$

식 (13)과 식 (15)로부터 다음과 같은 관계를 도출할 수 있으며, 식 (16)은 비평형 배치시험으로부터 비가역 흡착 상수를 결정할 수 있는 식이다.

$$\mu = a\frac{V}{m_s}\frac{\rho_b}{n} \tag{16}$$

여기서, V/m_s는 배치조건에서의 고액비의 역수이고 ρ_b/n은 컬럼조건에서의 고액비이므로 각 조건에서의 고액비가 일치한다면 $\mu = a$가 된다.

4.6.1.3. 1기 가역/비가역 흡착 모델(one-site reversible/irreversible sorption model)

고체표면에서 한 개의 단일 흡착기 용질이 가역과 비가역 반응을 동시에 보일 때 4.3절의 식 (19)와 식 (20)을 식 (2)에 대입하면 다음과 같은 식으로 표현된다.

$$R\frac{\partial C}{\partial t} = D\frac{\partial^2 C}{\partial x^2} - V\frac{\partial C}{\partial x} - \mu C \tag{17}$$

여기서, $$R = 1 + \frac{\rho_b K_d}{n}$$

$$\mu = a\frac{V}{m_s}\frac{\rho_b}{n}$$

대수층 지질매체에서 가역 및 비가역 흡착이 동시에 일어나는 경우, 지연효과

와 농도감소가 동시에 발생되며 각 파라미터의 변화에 따른 식 (17)의 모델을 적용한 결과가 그림 4.6.3에 나타나 있다.

|그림 4.6.3| 평형 및 비평형 흡착이 일어나는 경우 수용성 벤젠의 운송 형태: (a) 연속주입, (b) 순간 주입(adapted from Kim et al., 2004a)

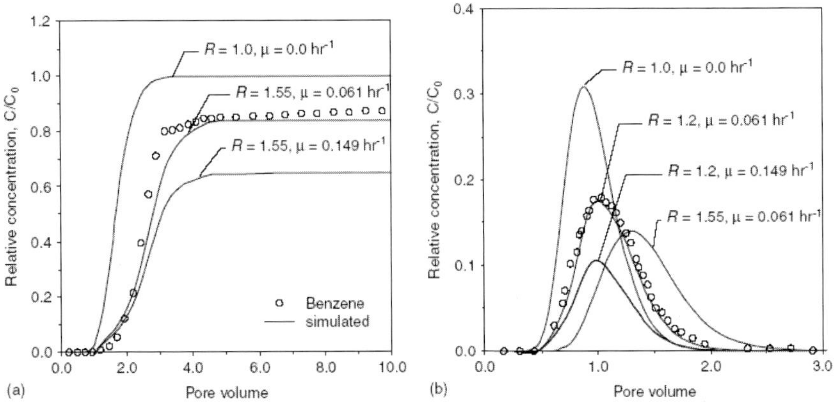

4.6.1.4. 평형-가역/비평형-비가역 흡착 모델

고체 표면에 두 개의 흡착기가 있어 빠른 흡착(equilibrium sorption)과 느린 흡착(kinetic sorption)이 동시에 일어날 때, 빠른 흡착 즉 평형흡착기에서는 가역적 반응이 일어나고 느린 흡착 즉 비평형 흡착기에서는 비가역 흡착이 일어나는 경우, 두 흡착기에서의 흡착농도는 4.3절의 식 (17), (18)을 인용하여 다음과 같이 표현할 수 있다.

$$\frac{\partial S_1}{\partial t} = fK_d \frac{\partial C}{\partial t} \tag{18}$$

$$\frac{\partial S_2}{\partial t} = \alpha \left((1-f)K_d C - S_2 \right) \tag{19}$$

여기서 식 (18)은 고체표면 Type-1 흡착기와 액상에서의 평형 및 가역흡착을 나타내는 식이고, 식 (19)는 Type-2 흡착기와 액상에서의 비평형 비가역흡착을 나타낸다.

한편 반응성 오염물질에 대한 운송 방정식은 액상농도와 고상에서의 흡착농도를 구분하여 다음과 같이 표현된다.

$$\frac{\partial(\theta C)}{\partial t}+\rho\frac{\partial(S_1+S_2)}{\partial t}=\frac{\partial}{\partial x}(\theta D\frac{\partial C}{\partial x}-qC) \quad (20)$$

식 (18), (19)를 식 (20)에 대입하여 정리하면 다음과 같은 운송방정식을 얻을 수가 있다.

$$(1+\frac{\rho fk}{\theta})\frac{\partial C}{\partial t}=D\frac{\partial^2 C}{\partial x^2}-v\frac{\partial C}{\partial x}-\frac{\alpha\rho}{\theta}[(1-f)kC-S_2] \quad (21)$$

4.6.1.5. 평형 - 비가역/비평형 - 비가역 흡착 모델

고상에서의 흡착 농도 S는 고체 표면 외부 흡착기(exterior site)에서 발생되는 빠른 흡착(S_1)과 내부 흡착기(interior site)에서 발생되는 느린 흡착(S_2)으로 구분되며, 배치시험 조건에서 고체의 질량을 m_s, 액상의 체적을 V_w, 초기농도를 C_o라 하면, 질량 보존의 법칙에 의해서 나타낼 수 있다(Kim et al., 2003a).

$$V_w C+m_s(S_1+S_2)=V_w C_o \quad (22)$$

빠른 흡착기에서는 고체표면에의 용질 흡착이 순간적으로 발생하여 평형에 도달하므로 비가역적 흡착이며

$$S_1 \equiv S_1(\infty) \quad (23)$$

한편 느린 흡착기에서는 흡착농도 S_2는 시간 의존적이며 평형농도 $S_2(\infty)$에 도달할 때까지 임의 시간 t에서 농도 차가 발생하므로 이 농도 차에 의해서 액상의 농도 변화가 다음과 같이 야기된다.

$$\frac{\partial C}{\partial t}=-\alpha C(1-\frac{S_2}{S_2(\infty)}) \quad (24)$$

여기서 α는 흡착률 상수(1/T)이다.

식 ((22) − (24))의 해는 다음과 같이 주어진다.

식 (22)를 V_wC_o로 나누면,

$$\frac{C}{C_o} + \frac{m_s S_1}{V_w C_o} + \frac{m_s S_2}{V_w C_o} = 1 \tag{25}$$

여기서, $X = C/C_0$, $Y = S_2/S_2(\infty)$, $\xi_1 = \frac{m_s S_1(\infty)}{V_w C_o}$, $\xi_2 = \frac{m_s S_2(\infty)}{V_w C_o}$라 놓으면, 식 (25)는 다음 식 (26)과 같이 된다.

$$X + \xi_1 + \xi_2 Y = 1 \tag{26}$$

한편 식 (24)는

$$\frac{\partial X}{\partial t} = -\alpha X(1 - Y);\ X(0) = 1 - \xi_1 \tag{27}$$

식 (26)을 식 (27)에 대입하면

$$\frac{\partial X}{\partial t} = -\alpha X\left(1 - \frac{(1 - \zeta_1 - X)}{\zeta_2}\right) \tag{28}$$

식 (28)을 다시 정리하면 다음 식 (29)가 된다.

$$\frac{\partial X}{\partial t} = -\frac{\alpha}{\xi_2} X(X - w);\ w = 1 - \xi_1 - \xi_2 \tag{29}$$

식 (29)를 변수분리 후 적분하면

$$\int_{1-\xi_1}^{X} \frac{dX}{X(X-w)} = -\frac{\alpha}{\xi_2}\int_0^t dt \tag{30}$$

식 (30)을 풀면

$$\ln\left(\frac{X-w}{X}\right)_{1-\xi_1}^{X} = -\frac{\alpha w}{\xi_2}t \equiv -\gamma t \quad (31)$$

식 (31)을 정리하면 식 (32)가 도출되며 평형 및 비평형 흡착(2단계 흡착 모델)이 일어나는 배치 시험조건에서의 시간별 농도 변화(그림 4.6.4)를 나타내는 식이다.

$$\frac{C(t)}{C_o} = \frac{(1-\xi_1-\xi_2)(1-\xi_1)}{1-\xi_1-\xi_2 e^{-\gamma t}} \quad (32)$$

|그림 4.6.4| PAC함량에 따른 수용성 벤젠의 2단계 흡착 현상. 활성탄 함량이 증가함에 따라 초기의 빠른(평형) 흡착이 증가하고 느린(비평형) 흡착이 감소함을 알 수 있다.(adapted from Kim et al., 2003a)

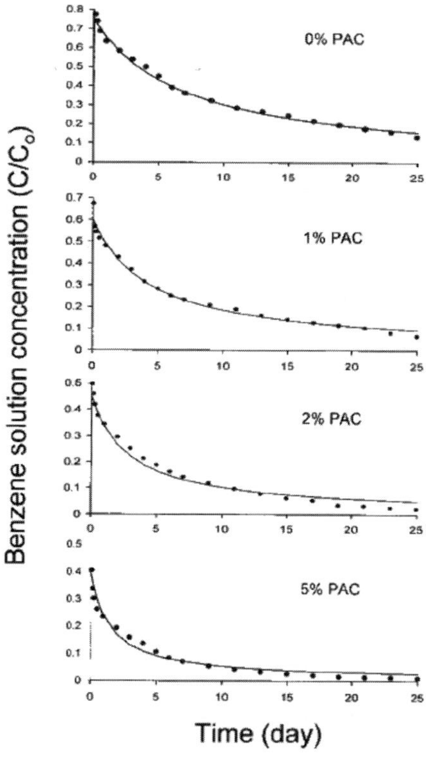

4.6.2. 탈착 모델

토양으로부터의 화학물질의 탈착은 오염물질 운송뿐만 아니라 이동성에 지대한 영향을 끼치며, 지하환경에서의 오염물질의 운명을 평가하는 데 중요한 인자 중의 하나이다. 흡착 등에 의한 기작으로 일단 토양 내에 병합된 오염물질은 쉽게 탈착되지 않는다는 사실이 최근에 와서 실험을 통하여 많이 보고되고 있다(Pavlosthis and Mathavan, 1992; Linz and Nakles, 1997; Opdyke and Loehr, 1999; Kim et al., 2003a). 유기오염물질이 토양과의 접촉기간이 길어질수록 소멸률이 현저하게 줄어들며 이는 토양내부에 격리(sequestration)되었기 때문이라 판단된다. 또한 오염물질의 격리는 토양내 미생물의 생이용성(bioavailability)을 감소한다(Alexander, 1994). 기존의 연구결과, 토양으로부터 유기오염물질의 탈착은 그림 4.6.4에 설명한 벤젠의 흡착처럼 2단계 탈착(biphasic desorption)이 일어나며 초기의 불안정 부분(labile fraction)으로부터 방출되는 빠른 탈착과 후기의 안정부분(nonlabile fraction)에서 느린 탈착(그림 4.6.5)이 일어난다는 사실이 보고되었다(Di Toro and Horzempa, 1982; Karickhoff et al., 1985; Pignatello and Xing, 1996). 불안정 부분의 시간 의존적(kinetic) 탈착현상은 토양내 미세공극이나 유기물에서의 느린 분산 때문이다.

|그림 4.6.5| 토양내 발생되는 2단계 흡착 및 탈착

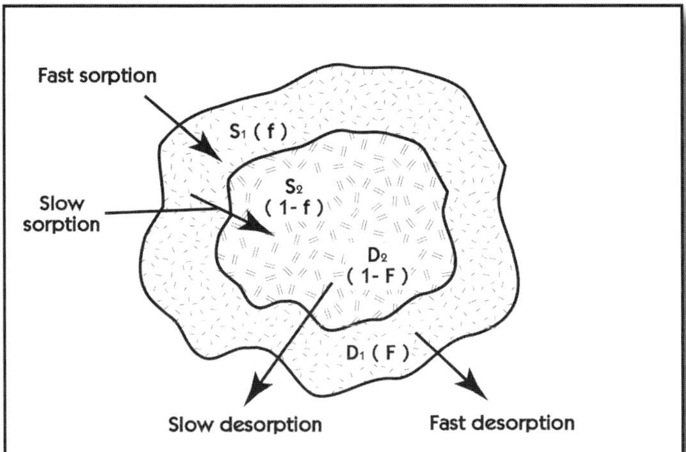

4.6.2.1. 평형 탈착

토양내 오염물질이 흡착된 후 탈착되는 과정에서 여러 단계의 평형 탈착과정을 거치는 경우 그림 4.6.6과 같이 나타낼 수 있다. 이 경우 흡착량의 모두가 탈착되지 않아 비가역 흡착이 발생되며 흡착 농도(q)는 가역부분과 비가역 부분의 합으로 구성된다(Choi et al., 2007a).

$$q_{tot} = q_{irr} + q_{rev} \tag{34}$$

또한 가역 부분의 흡착 농도는 평형 탈착 등온곡선에서 분배상수(K_d)를 도입하여 표현할 수 있으므로 다음 식과 같이 나타낼 수도 있다.

$$q_{tot} = q_{irr} + K_d C \tag{35}$$

|그림 4.6.6| 비가역 흡착과 평형 탈착과의 관계

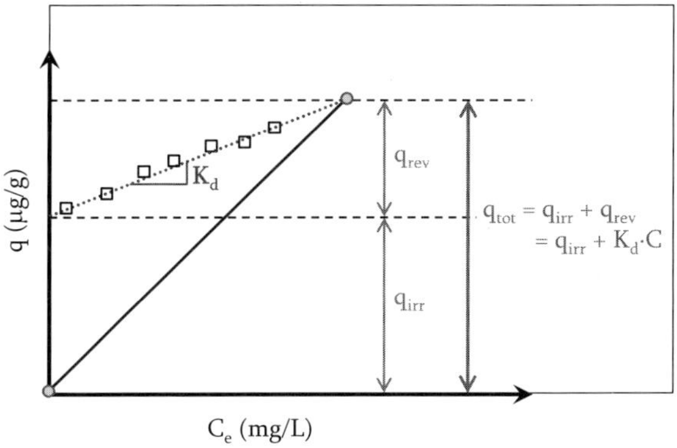

4.6.2.2. 비평형 탈착

2단계 탈착(biphasic desorption) 현상을 보이는 소수성 화학물질에 대한 탈착 모델은 탈착제(sorbent)에 안정부분(labile fraction)과 불안정 부분(nonlabile fraction)으로 구성되어 있는 two-compartment 모델을 사용한다. 이 모델에서 안정 부분에서는 화학물질이 빨리 방출되고 나머지 부분에서 서서히 방출된다. 시간 의존적인 방출률(rate of release)은 다음 식으로 표현된다(Opdyke and Loehr, 1999).

$$R = 1 - \frac{S(t)}{S_{tot}} = 1 - Fe^{-k_1 t} - (1-F)e^{-k_2 t} \quad (36)$$

여기서, F는 빠른 탈착기 부분 비율, k_1은 빠른 탈착 상수(1/T), k_2는 느린 탈착 상수이다(1/T).

|그림 4.6.7| 비평형 탈착 모델: (a) 총 흡착량 기준, (b) 가역 흡착량 기준(adapted from Choi et al., 2007a)

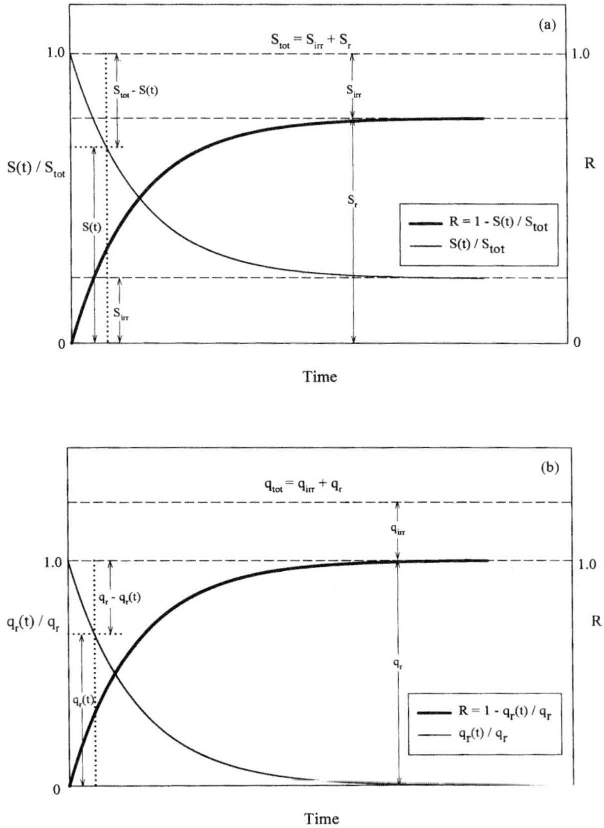

이 모델은 그림 4.6.7에서 보여 주듯이 탈착률을 총 흡착량을 기준으로 산정하므로 탈착이 적게 일어나거나 비가역 흡착이 일어나는 경우 합리적이지 않게

된다. 따라서 이럴 경우, 방출률(R)을 가역 흡착 혹은 탈착 가능한 부분을 기준으로 할 때 다음 식으로 주어진다(Choi et al., 2007a).

$$R = 1 - \frac{q_r(t)}{q_r} = 1 - Fe^{-k_1 t} - (1-F)e^{-k_2 t} \tag{37}$$

여기서, q_r, $q_r(t)$는 탈착 가능한 총 흡착농도(mg/kg), 탈착 경과 시간 t에 흡착농도이다.

4.7. 활성탄 흡착

4.7.1. 배경

고대에서는 숯을 이용하여 물을 여과시켰다고 하는 기록이 있으며, 이러한 숯의 주성분인 **탄소**(carbon)는 수 세기 동안 **흡착제**로 사용되어 왔다. 최근에는 음료수에 이용되는 물을 **입상활성탄**(GAC : granular activated carbon)으로 정수하였고, 맛과 냄새 때문에 빈번하게 발생하였던 수질문제를 해결하는 방안으로 GAC를 사용하기 시작하였다. 특히 GAC는 물에 존재하는 유기물을 포함한 다양한 화합물을 제거하는 효과가 있기 때문에 지난 20년 동안 지표수나 지하수내 광범위하게 발생하는 유기오염물 중 특히 석유계 화합물을 제거하기 위하여 점차적으로 그 이용이 증가하고 있다. 가솔린에 포함된 휘발성 유기물들로 오염된 지하수 처리 방법으로 가장 일반적인 방법 두 가지는 GAC 흡착처리와 공기 제거법(air stripping)이다.

4.7.2. 흡착 과정

흡착은 흡착시키는 고체 표면에 용해된 화합물 분자를 모으거나 들러붙게 하는 자연적인 과정을 말한다. 고체 표면에 분자들이 흡착되는 것은 화학적인 또는 물리적인 힘이 작용되기 때문이며, 이 두 가지가 고체와의 인력이 액체의 인력보다 더 강하게 되면 흡착이 일어난다.

화학적 흡착은 화합물들이 탄소 표면에 강한 인력(화학적인 힘)으로 붙는 것을 말한다. 물리적 흡착은 화학적 흡착에 비해 극도로 결합력이 약한 인력 즉 반데르발스(van der Waals) 힘 등에 의해 일어난다. 이러한 힘은 일반적으로 모든 물질에서 발생하며 전자의 움직임에 의해 발생되는 힘이다. 반데르발스 힘을 가진 분자는 흡착이 약하므로 결합을 이길 수 있는 충분한 에너지가 가해짐으로써 제거될 수 있다. 탄소에 분자를 흡착시켜 제거하고 흡착에 사용된 활성탄을 다시 재사용 즉 재생할 수 있다는 점에서 비용 효율적인 기술이다. 환경학적인 기술에서 말하는 흡착은 물리적인 흡착을 말한다.

|그림 4.7.1| 액상으로부터 탄소입자로의 용질이동

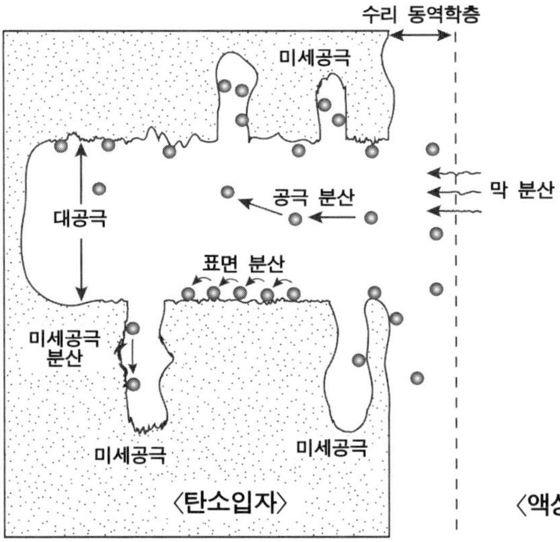

용액으로부터 활성탄 표면으로 일어나는 용질의 물질교환은 그림 4.7.1에서 보여 주는 것처럼 세 단계로 이루어진다. 첫째, 탄소 입자사이로 용질이 이동한다. 이러한 이동은 탄소의 형태와 유속에 영향을 받는다. 둘째, 막 운송이 발생하는데 탄소 입자 주변을 둘러싸는 이론상의 수리동역학층을 가로질러 용액으로부터 용질 확산이 일어난다. 이 층을 통과하는 물질 교환율은 물질전달계수에 의해 추정된다. 셋째, 탄소 공극을 통과하여 입자 내부로 운송되는 것이다. 이 과정은 공극 확산, 표면 확산, 그리고 미세공극 확산으로 분류할 수 있다. 활성탄 내부의 공극은 크기를 기준으로 미세 공극(10－1000Å)과 대 공극(1000Å 이상)으

로 나눌 수 있다. 공극 확산은 용질이 미세 공극으로 통과하거나 들어가는 과정이며, 상호 반응이 발생하여 미세공극의 벽면에 흡착된다. 표면 확산은 탄소 입자 안으로 들어가서 공극 표면에 흡착되었을 때 발생한다. 미세 공극 확산은 용질이 미세 공극 안으로 이동하여 탄소 벽면과 반응하여 흡착되는 기작이다.

4.7.3. 흡착제로서의 활성탄

용질 흡착이 활성탄에 비교적 잘 일어나는 이유는 비표면적이 크기 때문이다. 상업적으로 사용되고 있는 활성탄의 표면적은 일반적으로 1,000 – 1,400m^2/g이며,

|그림 4.7.2| 입상활성탄의 내부공극 구조

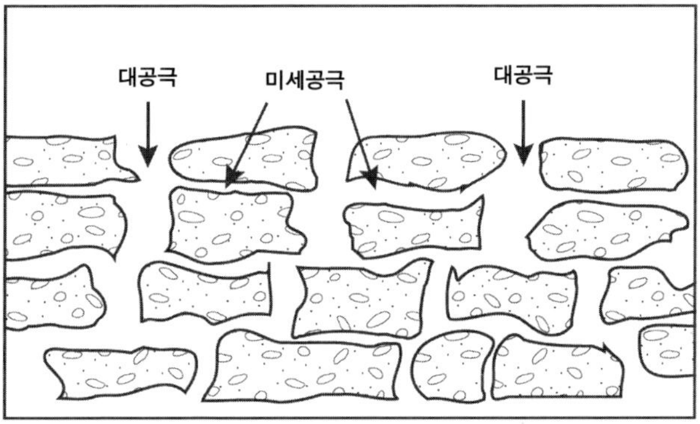

그림 4.7.2에서 볼 수 있듯이 내부 공극이 독특한 구조를 가졌기 때문에 이용 가능한 표면의 대부분은 내부에 존재한다. 활성탄은 역청탄, 코코넛 껍질, 갈탄, 나무, 타이어 조각, 그리고 가장 흔한 석탄과 펄프 잔여물 등의 원료로부터 생성된다. 입자상의 GAC 모양으로 만들기 위해서는 탈수(dehydration), 탄화(carbonization), 그리고 활성화(activation)라는 3단계를 걸쳐야 한다. 탈수과정은 170℃로 물질을 가열하여 수분을 제거하는 것으로 온도의 증가로 인하여 다른 증기(CO_2, CO, CH_3COOH) 들이 제거되면서 탈수가 일어나서 탄화된다. 활성화는 과열된 증기를 이용하여 탄화과정에서 생성되는 재를 제거함으로 공극을 크게 만드는 것이다.

활성탄은 크기에 따라 **분말활성탄**(PAC : powdered activated carbon)과 **입상활성탄**(GAC : granular activated carbon)로 나눌 수 있다. PAC는 50번 체보다 작

은 입자로 구성되어 있으며, GAC는 이보다 더 큰 입자를 가지는 모든 것을 말한다. PAC는 재생하기가 어렵기 때문에 일반적으로 액상에서 침전 또는 응고시킨 후에 제거한다. 이로 인하여 PAC는 음용수 제조 과정에서 사용이 제한되어 있다. 대부분의 지하저장탱크 지역에서 연속 처리할 필요가 없으므로 활성탄을 사용할 경우 오히려 재사용할 수 있는 GAC를 사용한다.

4.7.4. 입상 활성탄

활성탄 처리는 기본적으로 **등온흡착**(adsorption isotherm)에 의해서 이루어진다. 등온흡착은 **평형상태**(equilibrium)에서 용질의 농도에 대한 흡착제의 단위 질량당 흡착량으로 표시된다. 그림 4.7.3에서 볼 수 있듯이 등온의 영향은 입자상 화합물의 탄소 흡수력 또는 화합물을 제거하는 탄소의 효율과 관련된다.

|그림 4.7.3| 벤젠에 대한 선형등온흡착의 예(adapted from Baek et al., 2003)

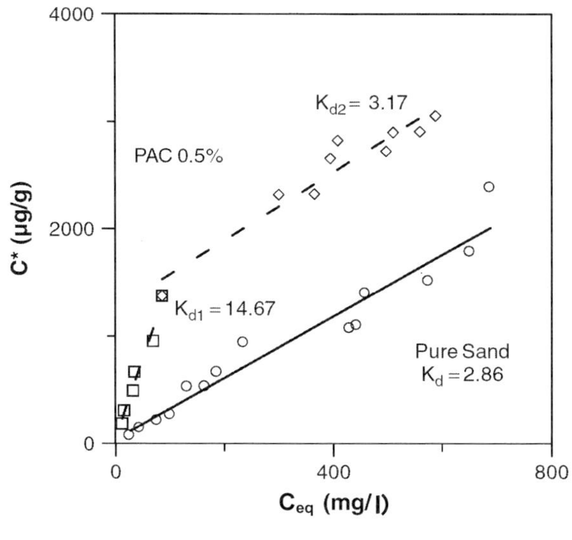

탄소의 흡수력은 용질, 흡착능력, 물의 온도, 용액의 pH와 그외의 것들에 의해 영향을 받는다. 흡착등온은 대체적으로 단일 용질일 때 정할 수 있다. 만약에 가솔린 오염 지역과 같이 단일 용질이 존재하지 않을 경우에는 설계보다는 비교하기 위한 목적으로 사용한다.

4.7.5. 활성탄의 수명과 파과

탄소여상은 그림 4.7.4와 같이 세 개의 지대로 뚜렷하게 나뉘어 탄소 필터를 작동시킨다.

|그림 4.7.4| 입상활성탄 여상에서 나타나는 전형적인 세 가지 지대

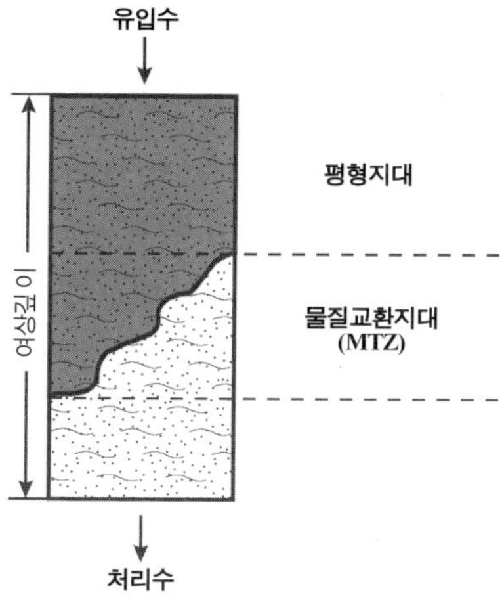

오염물질의 유입부에 위치한 **평형지대**는 활성탄이 오염물로 완전히 포화되어 이동되는 곳이며, 탄소여상의 유출부에는 흡착능이 아직 완전히 소진되지 않은 지역이다. 이들 두 지역 사이에 **물질교환지대**(MTZ)가 존재하며, 이 지역에서 흡착이 발생한다. 유입 오염물질의 대부분은 높은 농도로 유입되었다가 MTZ 끝부분에서는 거의 0에 가까운 농도로 감소하며, 이러한 MTZ의 길이는 오염물질 부하량, 흡착제 및 흡착용질의 특성에 따라 달라진다. 여기서 MTZ의 총 길이는 흡착에 대한 저항으로 나타내어진다.

MTZ에서 처리된 용질의 양이 증가할수록 이 영역은 컬럼의 아래로 이동하게 된다. 일정시간 경과 후 그림 4.7.5와 같이 MTZ의 아래 부분이 탄소여상의 유출부분에 닿게 되고, 오염물질이 탄소 필터에 유입되는 시간이 길어질수록 유출수내 오염물질의 농도는 점점 증가하게 된다. 시간에 따라 유출수 농도를 측정한 **파과곡선**이 그림 4.7.6에 나타나 있다.

|그림 4.7.5| 탄소여상에서의 오염물질의 파과와 소진

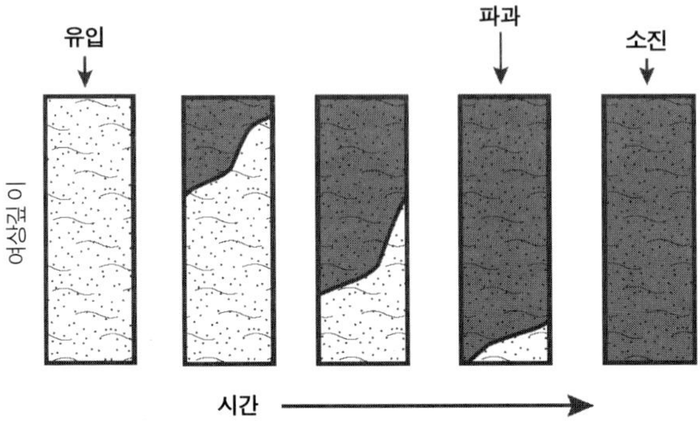

|그림 4.7.6| 단일용질의 전형적인 파과곡선

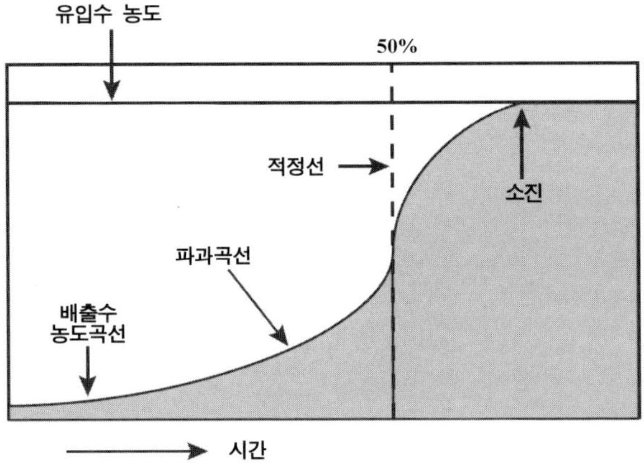

4.7.6. 제거효율

주상시험의 결과는 시간에 대한 배출수의 상대농도(C/C_0, 여기서, C = 오염물질 배출수의 농도, C_0 = 오염물질 주입농도)를 나타내는 파과곡선의 형태로 표현된다. 파과곡선 상에서 제거된 총 오염물질의 양은 다음 식으로 표현될 수 있다.

$$Solute\ removed = \int_0^{T_b} (C_0 - C)dt \quad (1)$$

여기서 T_b는 배출수의 농도가 주입농도에 도달하는 시간이다.

식 (1)을 이용하여 용질 제거량을 계산하기 위해서는 파과곡선 C(t)에 대한 수식적 표현이 필요하고, 이를 위해 다양한 모델들이 사용될 수 있다. 누과 파과곡선의 경우 식 (2)와 같이 나타낼 수 있다. 여기서 T_h는 C/C_0가 0.5가 될 때의 시간, a는 흡착률 상수이다.

$$C/C_0 = \frac{1}{1+e^{-(\frac{T-T_h}{a})}} \tag{2}$$

식 (1)과 (2)에서 구한 파라미터를 이용하여 제거된 용질량을 나타내는 식은 다음과 같다.

$$Solute\ removed = [a\ln(e^{\frac{T_h}{a}} + e^{\frac{T}{a}})]_0^{T_b} \tag{3}$$

이같은 과정을 통하여 흡착된 오염물질의 양을 계산한 후 다음과 같은 방법으로 제거효율(ε)을 구할 수 있다.

$$\varepsilon = \frac{\int_0^{T_b}(C_0 - C)dt}{\int_0^{T_b} C_0 dt} = \frac{[aln(e^{\frac{T_h}{a}} + e^{\frac{T}{a}})]_0^{T_b}}{\int_0^{T_b} C_0 dt} \tag{4}$$

4.7.7. 배출수 농도 추정

|그림 4.7.7| 파과곡선과 제거질량과의 관계

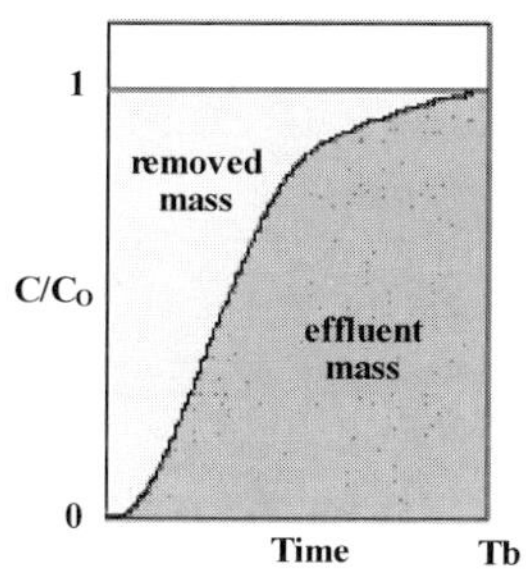

파과곡선 상에서 주입된 총 오염물질(total injected mass : M_t)과 제거된 오염물질(removed mass : M_r), 그리고 배출된 오염물질(effluent mass : M_e)의 관계(그림 4.7.7)는 다음과 같다.

$$M_r + M_e = M_t \tag{5}$$

오염물질 주입농도를 C_0(mg/l), 유량을 v(ml/min), 시간을 t(min)라고 정의하면 다음 식 (6)으로부터 M_t를 구할 수 있다.

$$M_t = C_0 \cdot v \cdot t \tag{6}$$

M_t와 제거효율(ε)을 이용하여 M_r와 M_e을 구할 수 있다.

$$M_r = M_t \cdot \varepsilon \tag{7}$$
$$M_e = M_t - M_r \tag{8}$$

컬럼 내의 단면적(A, cm^3)과 유량(v)과 시간(t)을 알면 다음과 같은 식을 통하여 V_e(effluent volume)를 구할 수 있다

$$V_e = v \cdot t \tag{9}$$

이러한 과정을 통하여 구한 V_e와 M_e를 이용하여 배출된 오염물질의 농도인 C_e(effluent concentration)를 구할 수 있다.

$$C_e = M_e/V_e \tag{10}$$

4.8. 생물학적 분해

4.8.1. 개념

생물학적 분해 또는 생분해 과정은 하나의 생화학적 반응으로서 미생물이 관여하게 된다. 일반적으로 유기화합물은 전자 수용체에 의해서 전자를 잃어버림으로

써 산화되고 환원될 때 다시 전자를 얻게 된다. **호기성**(aerobic) 혹은 산소가 풍부한 환경(oxic)에서 산소는 전자 수용체로 작용한다. 산소의 감소와 결부된 유기 화합물의 산화를 호기성 종속영양 호흡(aerobic heterotrophic respiration)이라 일컫는다. 산소가 존재하지 않는 환경(anoxic condition) 혹은 **혐기성** 환경에서 미생물은 유기 화학물질 혹은 무기 화학물질을 대체 **전자 수용체**로 사용한다. 혐기성 생분해는 **탈질**(denitrifying), **철환원**(iron-reducing), **황산염환원**(sulfate-reducing) 혹은 **메탄발생**(methanogenic) 조건에서 일어난다(그림 4.8.1). 호기성이든 혐기성이든 유기화합물이 분해되어 미생물에게 에너지와 탄소를 제공하여 생장에 기여하는 과정을 **메타볼리즘**(metabolism)이라 한다.

|그림 4.8.1| 호/혐기성 호흡과정별 전자 수용체와 대사산물

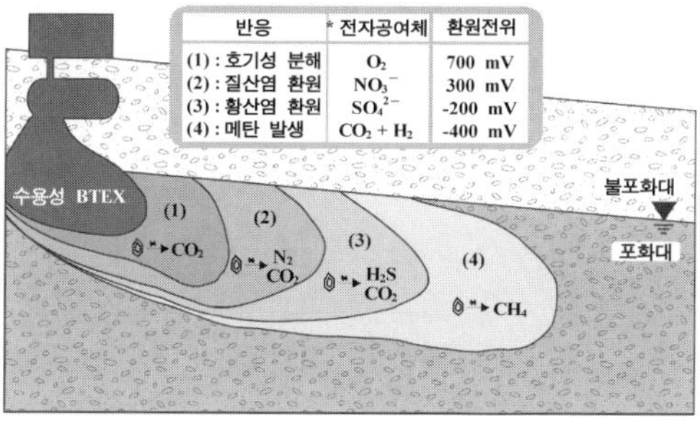

4.8.2. 주기질과 보조기질

오염물질은 미생물에 의한 **에너지원**과 **탄소원**으로 이용될 때, 주기질로서 사용된다. 이러한 조건에서는 대수층에 적절한 전자 수용체와 영양분을 공급함으로써 원위치 생물학적 분해를 촉진시킬 수 있다. 주기질에서 생장한 세포가 다른 화합물 즉 2차기질 혹은 **보조기질**을 분해시킬 수 있으며, 이때 보조기질은 미생물 세포 증식에 기여하지 않는다(McCarty et al., 1981). 오염물질을 보조기질로서 분해하기 위해서는 주기질과 전자 수용체가 오염지대에 보급되어야 한다. **코메타볼리즘**(cometabolism)은 보조기질 변환의 한 형태로서 주기질 산화 과정에서 생성된 효소가 보조기질을 분해할 수 있는 것을 말한다(Brock et al., 1984). 일반적으로 유기 화합물은 전자 증여체로 미생물의 메타볼리즘을 도와준다. 하지만, 할로겐족 화합물은 전자 수용체로 작용하여 탈할로겐화 과정에서 환원된다. 환원에 의한 탈할로겐화는 클로라이드나 브로마이드와 같은 할로겐 원자가 수소원자로 치환되는 것을 말한다. 또한 종종 지하수 환경은 유기물에 의한 생분해에 의해서 산소가 고갈되기도 하며 혐기성 상태가 된다. 따라서 유기 화합물을 탈할로겐화하기 위해 혐기성 생분해가 중요하다.

4.8.3. 생분해의 기본 요건

생분해에 필요한 여섯 가지의 기본 사항은 다음과 같다.

1. 적절한 미생물의 존재

   지하 대수층에서의 **미생물**은 거의 대부분이 박테리아이다. 일반적으로 현장 조건에서 특정 오염물질을 분해할 수 있는 **토착 미생물**이 바람직하다. 비록 대수층에 자연적인 혹은 인공적인 미생물을 접종시키는 것에 많은 연구가 진행되어 왔지만 성공여부는 아주 미지수이다.

2. 에너지원

   에너지원으로서 **유기탄소**가 요구되며, 미생물에 의해서 세포유지와 증식에 사용된다. 유기탄소는 무기탄소와 에너지, 전자로 변환된다.

3. 탄소원

   박테리아의 약 50%는 탄소이다. 유기화학물질은 탄소와 에너지원을 제공한다. **탄소원**으로서 유기탄소는 새로운 세포를 합성하기 위해 에너지와 함께 사용된다.

4. 전자 수용체

   에너지원으로부터 방출된 전자를 수용하기 위한 화학물질이 있어야 하며 이들 **전자 수용체**는 O_2, NO_3^-, SO_4^{2-}, CO_2 등이다.

$$e^- + O_2 \rightarrow H_2O \qquad (1a)$$

$$e^- + NO_3^- \rightarrow N_2 \qquad (1b)$$

$$e^- + SO_4^{2-} \rightarrow H_2S \qquad (1c)$$

$$e^- + CO_2 \rightarrow CH_4 \qquad (1d)$$

5. 영양물질

필수 **영양물질**은 질소, 인, 칼슘, 마그네슘, 철, 그리고 미량원소들이다. 질소와 인은 다량으로 요구된다. 건조세포내 원소의 비는 $C_5H_7O_2NP_{0.083}$이다. 따라서 질소는 건조 질량의 약 12%, 인은 2－3%이다.

6. 수용 가능한 환경 조건

미생물의 세포증식이나 생분해활동에 영향을 미치는 환경 인자에는 온도, pH, **염도**, 수압, 복사열, 독성물질 등이 포함되며, 종종 두 개 이상의 환경 요소들이 상호작용하여 미생물의 분해를 제한시키기도 한다. 대수층내의 유기 오염물질의 농도 또한 미생물에 영향을 미친다. 즉 농도가 높을 경우 **독성**으로 인하여 미생물 메타볼리즘을 제한시킨다. 반대로 한계치 이하의 농도도 미생물의 생장에 기여하지 못하는 경우도 있다. 이러한 한계치 이하의 농도에서는 세포유지는 가능하나 증식은 불가능한 것으로 연구 보고된 바 있다(Alexander, 1985).

4.8.4. 마이크로코즘(microcosms)

마이크로코즘을 이용한 연구는 "생태계의 일부분을 잘 보존하여 최소의 교란상태에서 실험실로 옮겨 자연 상태에서의 현상 연구를 하기 위한 시도"로 정의된다(Pritchard and Bourquin, 1984). 조절된 실험조건 즉, 물리적·화학적 결정 조건 내에서 물리적 모델을 설정하거나 생태계의 한 부분을 모사하는 것이다. 마이크로코즘은 실험실 규모에서 현장 특성에 부합하는 물리적·화학적·수문학적 특성을 고려하여 유기오염물질의 생분해를 결정하는 데 광범위하게 사용되고 있다.

|그림 4.8.2| 실험실에서 생분해 연구에 사용되는 다양한 규모의 마이크로코즘: (a) 시험관, (b) 플라스크, (c) 컬럼 규모

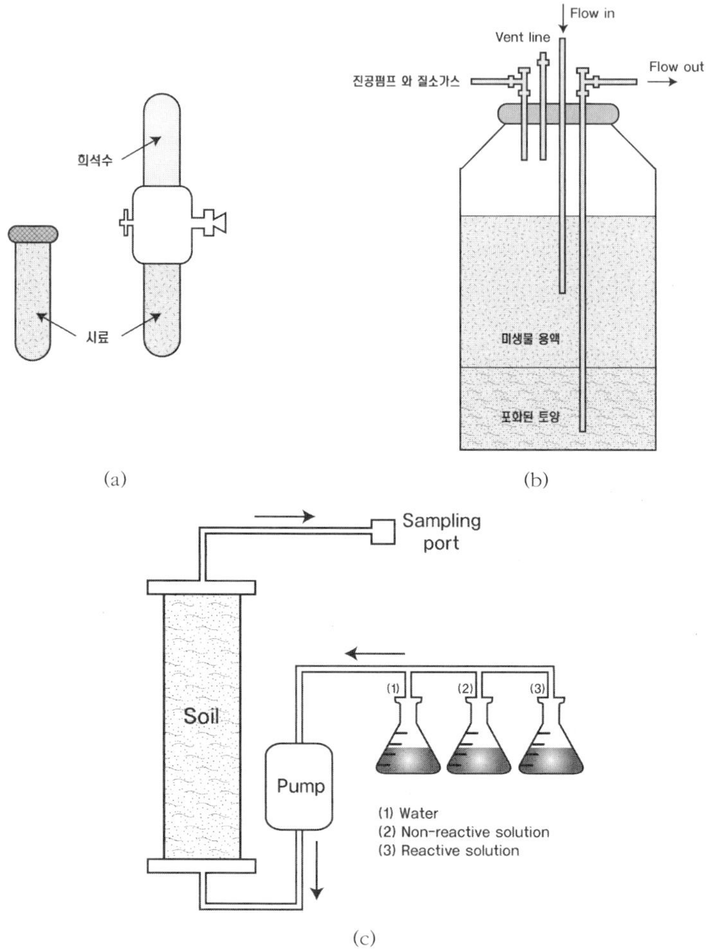

마이크로코즘은 간단한 배치 배양기에서부터 대규모의 복잡한 유량발생기까지 있다. 그림 4.8.2는 Dunlap et al.(1972), Bengtsson(1981)에 의하여 고안된 세 가지 종류의 마이크로코즘을 보여 주고 있으며, 이러한 마이크로코즘은 생분해 가능한 오염물질을 확인하고 생물학적 혹은 무생물학적 변환의 물질대사 과정을 결정

하는 데 사용된다. 마이크로코즘의 이점은 (1) 연구결과의 복제가 가능하고, (2) 초기 및 경계조건을 적절하게 조절할 수 있으며, (3) 현장에서의 생분해 잠재력을 평가하는 데 효율적 방법을 제공하는 것 등이다. 그러나 단점은 생태계 원래의 상태 재현이 어렵고, 또한 높은 체적비를 갖는다는 것이다.

4.8.5. 미생물 생장곡선

제한된 환경 즉, 지하수 대수층에서의 **미생물 생장곡선**이 그림 4.8.3에 도시되어 있다. 여기서 제한된 환경이란 영양분, 탄소, 전자수용체가 제한적으로 공급되는 환경을 말한다. 생장곡선의 초기단계는 **성장유도기**(lag phase)로 알려져 있으며, 인지할 만한 세포증가가 나타나지 않으므로 비성장률(specific growth rate)은 영이다. 이 시기는 접종(inoculum)균이 새로운 환경에 적응하는 시기로 성장에 필요한 효소나 세포 구성 성분의 합성이 구비된 상태가 아니므로 이들의 재합성이 이루어질 때까지 걸리는 시간이다. **성장가속기**(acceleration phase)는 비성장률에서 점진적인 증가의 초기부분을 말한다. **대수증식기**(exponential phase)는 세포의 수가 2의 지수로 증가하는 시기이며, 미생물 세포의 증식이 활발해지는 시기이다. 이 시기의 미생물의 성장률은 배지의 성분, 구비된 조건, 미생물의 종류에 따라 달라진다. **지연기**(retardation phase)는 비성장률이 감소하기 시작하는 시기이다. 지연기 이후에 **정지기**(stationary phase)가 오며, 이 시기에서는 개체수가 최대가 되며, 물질대사는 여전히 활발하나 미생물 증식의 결과로 영양분이 고갈되고 대사산물의 노폐물로 축적되는 시기로 신생되는 세포 수와 사멸되는 세포 수가 균형을 이루어 실질 성장은 멈추게 된다. 이후 **사멸기**(dead phase)는 생존 미생물의 수가 점차 줄어드는 시기이다. 미생물 종류에 따라 사멸기의 기간이 다르다.

|그림 4.8.3| 제한된 조건에서의 미생물의 생장 단계

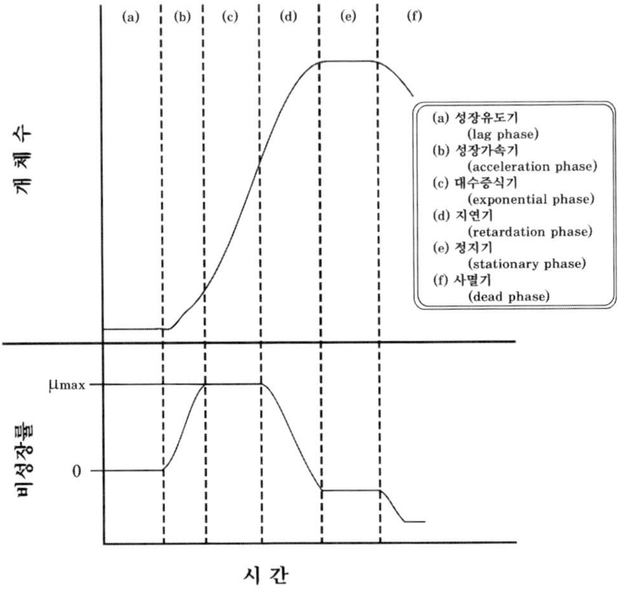

4.8.6. 미생물 생장의 측정

미생물이 대수증식기에 있을 때 미생물 집단의 생체량(biomass)과 세포수는 시간이 지남에 따라 일정한 속도로 증가한다. 그러므로 성장속도를 측정하고자 할 때 생체량의 증가나 세포수의 증가로서 추정할 수도 있다.

세포수의 측정방법에는 **직접계수법**(direct microscopic count)과 생균수 측정법이 있다. 직접계수법은 배양액의 일정량을 일정 넓이의 검경 면적 위에 놓고 현미경으로 균수를 세는 것이다. 이 방법의 단점은 사균과 생균의 구별이 없이 시료속의 총 세균수를 측정한다는 점, 액체시료를 사용한다는 점, 계수법의 신뢰도를 높이기 위해 시료속에 존재하는 균체가 적어도 10^7CFU/ml 이상이 되어야 한다는 점, 시료의 수가 많을 때 조작이 지루하다는 점 등이다. 그러나 조작이 쉽고 단시간에 결과를 얻을 수 있다는 장점도 있다.

현미경 대신 전기를 이용하여 세포수를 측정하는 계수기가 있는데 이는 세포현탁액이 미세 유리관을 통과할 때 관 사이를 흐르는 전류의 양이 떨어지는 것을 기록할 수 있게 고안한 장치이다. 이 역시 사균과 생균 모두를 집계할 수 있다.

액체배지를 사용해 생균수를 측정하고자 할 때는 시료 중의 생균수의 최적확수를 구한다. 이는 시료를 충분히 희석하여 희석액 1ml에 한 개의 세포가 들어가도록 한 뒤 이를 일정량의 액체배지에 접종, 배양한 후 성장의 유무를 기록한 수 최적확수 통계표에 의해 생균수를 추정하는 것이다. 이 방법은 수질 검사나 음료의 미생물 검사에 많이 사용되고 있다.

살아 있는 세포만을 측정하는 방법을 **생균수 측정법**이라 하는데 이는 영양배지 위에 형성하는 집락수를 세는 것이다. 적절히 희석된 시료의 일정량을 고체배지 표면에 균일하게 접종시키는 **표면도말법**(spreading plate)과 적절히 희석된 시료의 일정량을 액상의 고체영양 배지에 섞어 그 혼합물을 멸균 평판접시에 넣는 **주입평판법**(pour plate)이 있다. 일정한 배양기간 후에 배지상에 나타나는 집락수를 세어 원래의 시료상의 균수를 계산하는데 배지상의 집락이 30-300개가 되도록 시료를 희석함이 중요하다. 보통 한 시료에 대해 3-5종의 희석액을 마련하고 한 희석액에 대해 3-5개의 배지를 사용함으로써 측정된 생균수의 신뢰성을 보다 높일 수 있다.

생균수 집계에 의한 세균수 측정은 수일의 시간이 걸리는 점이 단점으로 지적되고 있다. 생체량(biomass) 측정은 배양액의 일정량 속에 있는 모든 세포의 습량(wet weight)이나 건량(dry weight)을 재는 것인데 이는 시간이 많이 걸리고, 정밀한 검량을 하기 어려운 점이 있다. 그 대신 단세포 미생물에 있어서는 현탁된 세포에 의하여 발생되는 빛의 분산도 혹은 현탁도(turbidity)를 측정하여 생체량의 상대적 증가를 알아보기도 한다. 세포의 현탁액에 광선을 쪼이면 세포 입자들에 의해 광선이 분산되므로 투과된 광량은 감소된다. 투과된 광량을 **분광기**(spectrophotometer)로 측정하여 **흡광도**(optical density: OD)로 표시하거나 분산된 광량은 탁도기(nephelometer)로 측정하여 분산도로 표시한다.

이 밖에 배양액의 생체량 증감의 상대적 평가법으로 미생물 집단의 총 단백질량, 총 질소량, 핵산의 양, ATP의 양을 측정하기도 하며, 미생물 집단의 생화학 능력 또는 대사능력을 평가하는 법도 있다. 또 생균만을 염색시키는 형광염료를 사용하여 세포내에 결합된 형광염료의 양을 형광 분광기(fluorospectrophotometry)로 측정함으로써 상대적으로 배양액의 생체수를 평가할 수도 있다.

4.8.7. 생분해 역학

유기오염물질의 생변환율을 나타내기 위하여 역학 모델이 개발되었다. 지하수

환경에서의 대부분의 역학 연구는 유기 화합물의 섭취 현상에 제한되었다. 지하수 환경에서의 생분해율을 추정하는 데 다양한 형태의 수식 표현이 있지만, 가장 많이 쓰이는 표현은 Monod(1942)에 의해 제안된 Michaelis-Menten kinetics, 즉 hyperbolic saturation 함수이다.

$$\mu = \mu_{\max} \frac{C}{K_C + C} \tag{2}$$

여기서, μ는 성장률(1/T), $\mu_{\max}$는 최대 성장률(T^{-1}), C는 기질 농도(mg/l)이다. K_c는 **반포화 상수**로 알려져 있으며, 성장을 제한시키는 기질 농도로서 최대 비성장률의 절반에 해당되는 기질의 농도를 말한다(그림 4.8.4).

|그림 4.8.4| Monod 함수 형태의 비성장률로부터 결정되는 반포화 상수

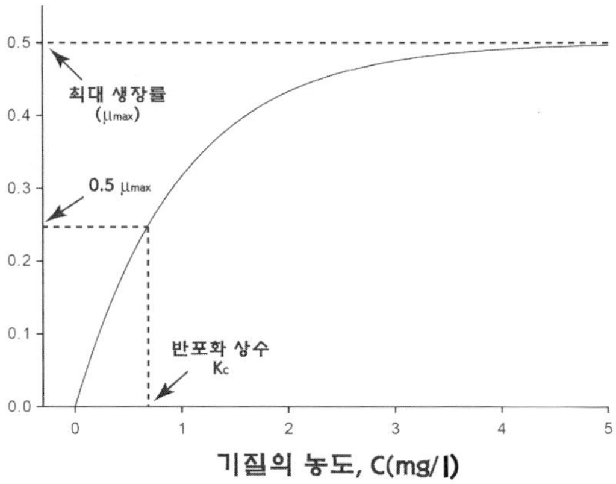

기질의 농도와 같은 단위를 갖는 반포화 상수는 기질에 대한 미생물의 친화도의 척도이다. K_C치가 낮으면 낮을수록 미생물은 낮은 기질 농도에서 더 빨리 자란다. 성장률을 기질 농도 C로 나타내는 식은 다소 복잡하며, 여기에는 first-order, mixed-order, zero-order 등이 있다. 식 4.8.2에서 $C \gg K_C$이면, $K_C + C$는 C가 되며 그 반응은 아래와 같이 zero-order에 접근하게 된다.

$$\mu = \mu_{\max} \tag{3}$$

$C \ll K_C$이면, 다음과 같이 first-order가 된다.

$$\mu = \frac{\mu_{\max}}{K_C} C \tag{4}$$

여기서 $\mu_{\max}/K_C$는 first-order rate 상수이다.

한편 대수층내에 존재하는 오염물질의 농도가 다소 높아 미생물에 독성이 있어 장애효과(inhibitory effect)가 나타나는 경우 Haldane 모델(그림 4.8.5)을 사용하며, 여기에 해당되는 대표적 두 가지 모델은 식 4.8.5로 주어지는 Haldane-Andrews 모델(Haldane, 1930; Andrews, 1968)과 식 4.8.6과 같이 표현되는 Aiba-Edwards 모델(Aiba et al., 1968; Edwards, 1970)이 있다.

|그림 4.8.5| 주기질의 고농도로 인한 장애효과로 비성장률의 증가 후 감소를 나타내는 Haldane 모델(adapted from Kim et al., 2005a)

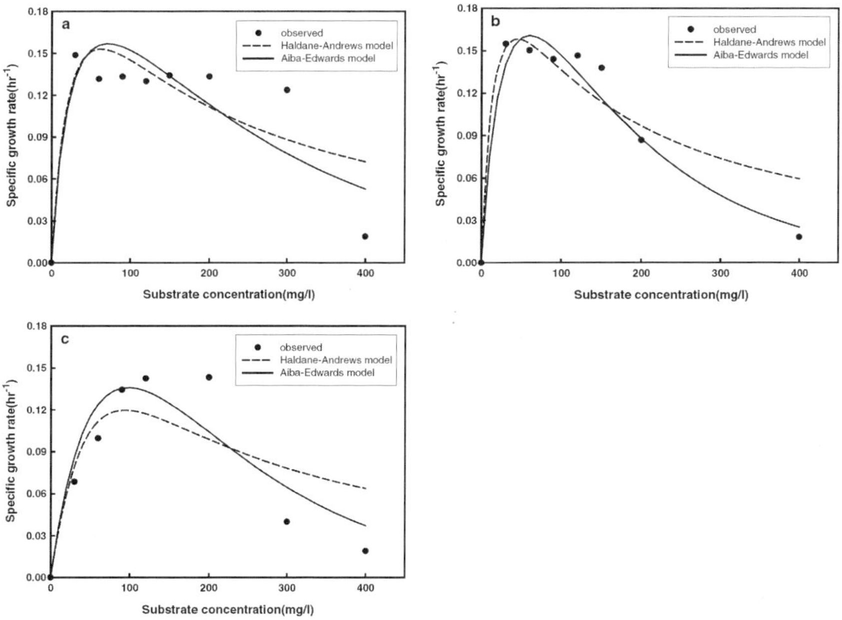

$$\mu = \mu_{\max} \frac{C}{K_C + C + \frac{C^2}{K_I}} \tag{5}$$

여기서, K_I는 장애상수(mg/l)이다.

$$\mu = \mu_{\max} \frac{C}{K_C + C} exp(-C/K_I) \tag{6}$$

4.8.8. 생분해 모델링

지하수 환경에서의 주요 관심사는 미생물 성장을 나타내는 Monod 함수와 유기오염물질의 감소률 사이의 상관관계이다. 생장 계수 Y를 도입함으로써 상관성을 나타낼 수 있으며 기질의 농도변화는 다음 식으로 표현된다.

$$\frac{dC}{dt} = -\frac{\mu_{\max} MC}{Y(K_C + C)} \tag{7}$$

여기서 M은 미생물 농도(mg/l), Y는 사용 기질의 질량 당 형성 미생물 질량이다. 기질의 이용과 미생물의 성장과 직접적으로 연관성이 있으므로 식 (7)은 다음과 같은 시간에 대한 미생물 농도의 변화율에 관한 식을 동반한다.

$$\frac{dM}{dt} = \mu_{\max} MY \frac{C}{K_C + C} - bM \tag{8}$$

여기서, b는 세포 사멸을 나타내는 first-order 사멸계수이다.

미생물의 초기농도가 낮아 오염물질 즉 주기질이 생분해에 의해 감소함에 따라 물질대사 작용에 의해 미생물의 농도가 증가하는 경우에는 미생물의 농도변화를 나타내는 식 (8)과 주기질의 농도감소를 나타내는 식 (7)이 함께 사용되며 이를 Monod-with-growth model이라 한다. 그러나 미생물의 초기농도가 너무 높아 생분해에 의한 기질의 농도감소가 미생물의 농도에 영향을 미치지 않을 때는 식 (7)에 의한 주기질의 농도감소만을 고려하게 되며 이를 Monod-no-growth model이라 한다. 이 두 모델의 실증적 예(Kim et al., 2003b)가 그림 4.8.6와 그림 4.8.7에 주어져 있다.

|그림 4.8.6| 주기질(벤젠)의 생분해에 의한 미생물의 농도변화를 나타내는 Monod-with-growth 모델의 적용사례: (a) 초기 고농도의 주기질이 장애효과를 유발하여 미생물의 초기 성장이 둔화되어 벤젠의 생분해 모델치가 실측치와 큰 차이를 보임, (b) 초기 고농도의 미생물이 사멸기에 접어들어 미생물 감소현상을 보이며, 이로 인하여 주기질의 농도감소가 미미하게 나타남

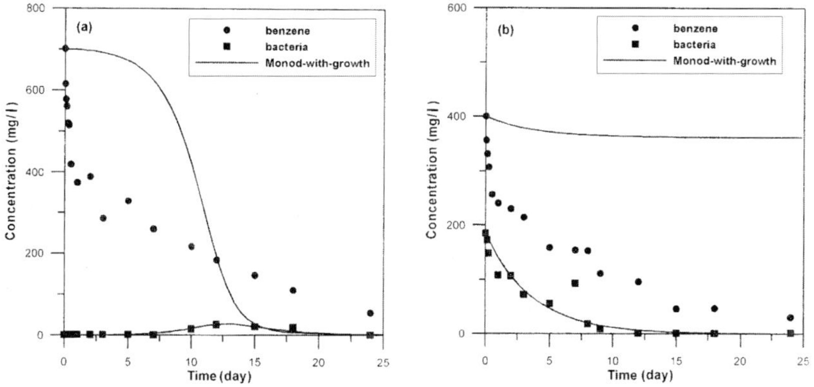

|그림 4.8.7| 미생물의 초기농도가 10^7CFU/ml 이상인 경우 Monod-no-growth 모델에 벤젠의 생분해 모사치와 실측치의 비교: (a) 초기농도 500mg/l, (b) 초기농도 200mg/l

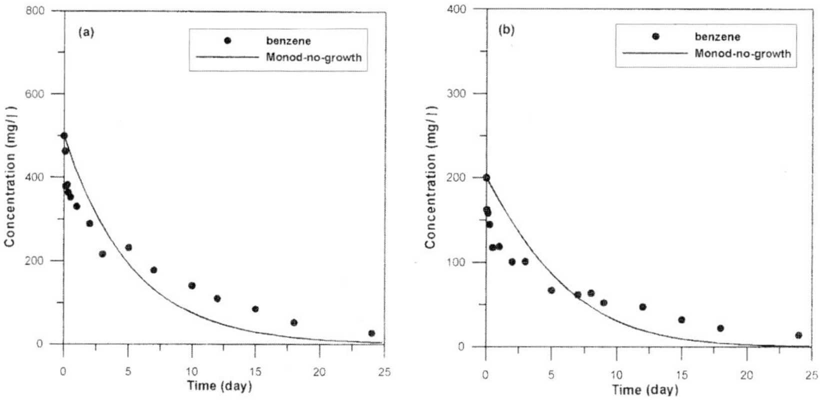

지하 환경에서 생분해를 정량화하는 것은 물리적·화학적·생물학적 과정을 결합

하는 모델을 사용함으로써 언급될 수 있다. 그러나 그러한 모델을 개발하는 것은 미생물의 복잡성, 생분해에 관한 현장 자료의 부족, 여러 가지 과정을 모사할 수 있는 확고한 수치기법들의 필요성으로 인하여 간단치 않다. 생분해 모델에 이용되는 주요 기작은 1) Monod kinetics, 2) First-order decay kinetics, 3) Instantaneous reaction assumption 등의 세 가지이다.

Monod kinetics에 의한 오염물질 농도감소는 다음과 같이 표현된다.

$$\Delta C = M_t \mu_{\max} \frac{C}{K_C + C} \Delta t \tag{9}$$

여기서, C는 오염물질 농도, M_t는 전체 미생물 농도이다.

식 (9)를 오염물질 운송 방정식 식 (6)에 대입하면

$$\frac{\partial C}{\partial t} = D\frac{\partial^2 C}{\partial x^2} - V\frac{\partial C}{\partial x} - M_t \mu_{\max} \frac{C}{K_C + C} \tag{10}$$

호기성 생분해의 경우 산소와 오염물질이 미생물 생장에 필요한 주요기질이라고 가정하면, 생분해에 의한 산소와 오염물질의 농도변화는 다음 식으로 주어진다.

$$\Delta C = M_t \mu_{\max} \frac{C}{K_C + C} \frac{O}{K_o + O} \Delta t \tag{11}$$

$$\Delta O = M_t \mu_{\max} F \frac{C}{K_C + C} \frac{O}{K_o + O} \Delta t \tag{12}$$

여기서, O는 용존산소 농도(mg/l), K_0는 산소 반포화 상수(mg/l), F는 소비된 오염물질에 대한 산소의 비이다.

식 (11)과 (12)를 오염물질 운송 방정식에 대입하면 다음과 같은 식(Borden and Bedient, 1986)이 도출된다.

$$\frac{\partial C}{\partial t} = \frac{1}{R_c}\left(D\frac{\partial^2 C}{\partial x^2} - V\frac{\partial C}{\partial x}\right) - M_t \frac{\mu_{\max}}{R_c} \frac{C}{K_c + C} \frac{C}{K_o + C} \tag{13}$$

$$\frac{\partial O}{\partial t} = D\frac{\partial^2 O}{\partial x^2} - V\frac{\partial O}{\partial x} - M_t \mu_{\max} F \frac{C}{K_c + C} \frac{C}{K_o + C} \tag{14}$$

$$\frac{\partial M_s}{\partial t} = \frac{1}{R_m}\left(D\frac{\partial^2 C}{\partial x^2} - V\frac{\partial C}{\partial x}\right) + M_s \mu_{\max} Y \frac{C}{K_c + C}\frac{C}{K_o + C} + \frac{K_c Y O_c}{R_m} - bM_s \qquad (15)$$

여기서, R_c는 오염물질의 지연계수, M_s, M_t는 용액 및 전체 미생물 농도(mg/l), R_m은 미생물 지연계수, O_c는 유기탄소 농도, b는 미생물 사멸계수이다.

제 5 장 복원기술

5.1. 물리적 방법

5.1.1. 분리

5.1.1.1. 개요(토양오염)

분리 기술은 물리적·화학적 방법을 통하여 고형오염물질을 농축하는 것이다. 이러한 물리적·화학적 방법은 오염물질을 매질체로부터 분리시키는 것이다.

타위치 분리법은 여러 가지 과정에 의해서 수행된다. 중력분리와 체질/물리적 분리(sieving/physical separation)는 도시폐수를 처리할 때 오랫동안 사용된 잘 알려진 방법들이다. 한편 자력분리는 훨씬 최근의 분리기술로서 계속 시험 중에 있다.

- **중력분리**

  이 기법은 고액의 분리기술로서, 상(phase) 간의 밀도차이에 의존하는 방법이다. 고형물의 침강속도에 따라 기기규모나 이 기법의 효용성이 좌우되며, 침강속도는 다시 입경, 밀도차, 유체의 점성, 입자 농도의 함수가 된다. 이 기법은 수용액상의 기름 제거나 다양한 입경 물질의 분리에도 적용된다. 종종 이 기법을 사용하기 전에 입경을 증가시켜 미세입자를 제거하기 위한 목적으로 coagulation이나 flocculation을 먼저 수행하기도 한다.

- **자력분리**

  이 기법은 물, 토양, 공기와 같은 주 매질체로부터 약자성, 방사능 물질을 추출하기 위하여 사용된다. 모든 우라늄, 플루토늄 화합물은 약간의 자성을 띠며, 반면 대부분의 주 매체는 비자성체이다. 오염된 유체나 슬러리를 자성을 띤 공간으로 흘러 보내는 것이 작동원리이다. 그 공간은 슬러리로부터 약간의 자성을 띤 오염물질을 추출하는 강철솜(steel wool)과 같은 자성 매트릭스 물질이 있다.

- **체질/물리적 분리**

이 기법은 오염물질을 작은 체적으로 농축시키기 위하여 다양한 입경의 체(sieve)나 스크린을 사용한다. 물리적 분리는 대부분의 유기 및 무기 오염물질은 화학적 혹은 물리적으로 토양의 미세입자에 쉽게 결합되는 경향이 있는 점을 이용한다. 반면, 점토나 미세토 입자 또한 조사나 자갈입자에 점착력에 의해서 잘 부착된다. 따라서 미세입자를 조사나 자갈로부터 분리하는 것은 오염물질을 작은 토양공간으로 효과적으로 농축하여 다음 처리를 용이하게 한다.

5.1.1.2. 적용 분야

타워치 분리일 경우 목표 오염물질은 SVOC, 연료 및 무기오염물질(방사능 물질 포함)이다. 일부 VOC나 살충제에도 적용 가능하다. 자력분리는 중금속, 방사능 핵물질, 우라늄, 플로토늄과 같은 자력방사능 물질에 사용된다.

물리적 분리는 화학적 분리에 앞서서 사용된다. 중금속 오염물질이 입자상 물질에서 발생될 때 특히 유용하다. 물리적 분리기법의 장점은 비교적 작은 장비를 이용하여 대량의 오염물질을 처리할 수 있다는 점이다.

5.1.1.3. 적용 한계

- 고 농도 점토 및 수분함량은 처리 비용을 증가시킨다.
- 중력분리의 경우 입자의 비중이 침강속도나 처리효율에 영향을 미치므로 부유물질의 점성도를 미리 알아야 한다.
- 정화과정을 요하는 유기성 슬러지의 경우 냄새문제 해결을 위한 특별 대책이 요구된다.

5.1.1.4. 개요(지하수)

이 기법은 물리적·화학적 방법으로 폐수를 농축하는 방법이다.

분리 기법은 지하수로부터 오염물질을 이탈시키는 것을 목적으로 한다. 타위치에서의 폐수의 분리 기법에는 (1) 증류, (2) 여과, (3) 동결, (4) 막 투과, (5) 역삼투법 등이 있다.

- **증류**

증류는 화학적 분리과정이며, 다양한 증기압 성분을 분리하기 위하여 증발과 응축이 사용된다. 간편 증류법은 단일 단계 작동으로 정지 상태의 액상 혼합물에 열을 가하여 액체의 일부분을 증발시키는 것이다. 만들어진 증기들은 냉각 응축되어 액상으로 만들어지며 증류액이 된다. 이러한 증류액은 휘발성이 높은 성분으로 구성되고 반면 남아 있는 혼합물에는 휘발성이 낮은 성분으로 구성되며 이러한 혼합물을 바닥재(bottoms product)라고 한다. 대부분의 상업용 증류법에서는 유기성분을 보다 더 잘 분리하기 위하여 다단계 분리법을 사용한다.

- **여과**

여과는 입경에 의한 물리적 분리과정이며 액체를 압력하에 다공성 매질체로 통과하게 하여 부유 입자를 분리하게 된다. 액체가 매질체를 통과할 때 부유입자는 매질체 표면이나 내부에 갇히게 된다. 반투수성 막을 통과하여 액체가 흐를 때 입자가 분리되는 것을 ultrafiltration 혹은 microfiltration이라 한다.

- **동결**

동결은 동결 결정체를 형성하여 용매를 용액으로부터 제거하는 과정이다. 오염물질을 함유하고 있는 용액이 서서히 동결될 때, 얼음 결정체는 표면에 형성되고 오염물질은 잔존용액(mother liquor)에 농축된다. 얼음 결정체는 mother liquor로부터 분리되어 세정 및 용해과정을 거친 뒤 맑은 물로 정제된다.

- **막 투과**

이 기법은 오염 폐수로부터 VOC를 선택적으로 흡착하는 투수성 막을 사용하는 공정이다. 오염수는 처음 열 교환기를 거치면서 물의 온도가 상승된다. 그런 다음 실리콘 고무(모세관 섬유)와 같은 비 다공성 친유기성 폴리

머로 구성된 막, 즉 투과 모듈에 진입하게 된다. VOC는 수-막 경계면에서 막 벽면을 통하여 진공압에 의해서 투과하게 된다. 처리수는 투과모듈을 빠져 나오지만 유기 증기는 다시 응축기로 되돌아가서 액상으로 전환된다.

- **역삼투법**

막 투과법은 역삼투법으로 변형 가능하다. 이 기법에서는 압력하에서 투과 모듈을 통하여 오염수가 흐르도록 유도되며, 적용기법에 따라 여러 가지가 있으며 그중 막을 내재하고 있는 모듈은 물이 없는 상태에서 오염물질이 통과하도록 되어 있다. 막을 통과하지 못하는 오염수는 투과 모듈에 다시 재순환하여 재차 처리된다.

5.1.1.5. 적용 분야

타 위치 분리 기법은 주로 폐수로부터 오염물질을 제거하기 위한 전처리 혹은 후처리 방법이다. 지하수, 소택지, 침출수, 세정수 등과 같은 수용성 폐수에 적용된다. 목표 오염물질은 VOC, SVOC, 살충제, 부유물질 등이다.

5.1.1.6. 적용 한계

- ► 막 투과법과 동결 결정기법은 수용성 폐수에 국한된다.
- ► 오일을 함유한 오염물질이 있을 경우 유량이 감소된다.
- ► 증류기법은 비교적 높으므로 넓은 지역이 요구된다.
- ► 자동 온도 범위내에서 분해·합성·폭발하는 화합물은 증류기법에 적절치 않다.

5.1.2. 토양세척

5.1.2.1. 개요

미세 토양입자에 흡착된 오염물질은 액상시스템에서 토양 더미로부터 분리된다. 세정수에는 염기성 용탈제, 계면활성제를 넣고, pH를 조정하고, 유기물이나 중금속류를 제거하기 위한 킬레이팅(chelating)제를 첨가하기도 한다(그림 5.1.1).

이 기법은 타위치에서 오염물질을 제거하기 위하여 오염토양을 물을 이용하여 세척하는 방법이다. 다음의 두 방법 중 하나의 방법으로 오염물질을 제거한다.

► 세정수에 용해 혹은 부유
► 입자분리, 중력분리, 마찰력 등에 의한 미세 용적으로 농축

대부분의 제거기술을 포괄하고 있는 토양세척 시스템은 다양한 오염물질로 오염된 토양에 적용성이 크다. 그러나 이 기술의 상용화는 아직 넓지는 않다. 입자분리를 통하여 토양오염 물질을 감소하는 개념은 대부분의 유기 및 무기 오염물질은 물리적·화학적으로 미세 토양입자에 결합한다는 사실에 유래한다. 미세 입자는 다시 압축이나 점착력과 같은 물리적 힘에 의해서 부착된다. 미세 입자를 큰 입자로부터 분리하는 세정과정은 오염물질을 효과적으로 작은 토양체적으로 농축시켜 재차 처리할 수 있도록 해 준다. 중력분리는 중금속을 함유하고 있는 화합물을 제거하는 데 효과적이며, 마찰세정(attrition scrubbing)은 조립자에 부착된 오염물질 막을 제거한다. 그러나 후자는 미세입자를 증가시킬 수도 있다.

복합 오염물질이나 불균질 오염물질은 단일 세정수의 형성을 어렵게 하며, 다양한 형태의 오염물질 제거를 지속적이고 신뢰성 있게 할 수가 없다. 이러한 경우, 여러 가지 세정과정, 고액비, 연차적 세정 등이 요구된다.

이 기법은 일반적으로 오염물질의 측면에서 보았을 때 매체전달 기술이며, 토양 세척수는 오염물질 종류에 따라 적정기술로 처리된다.

|그림 5.1.1| 토양세척 공정 모식도

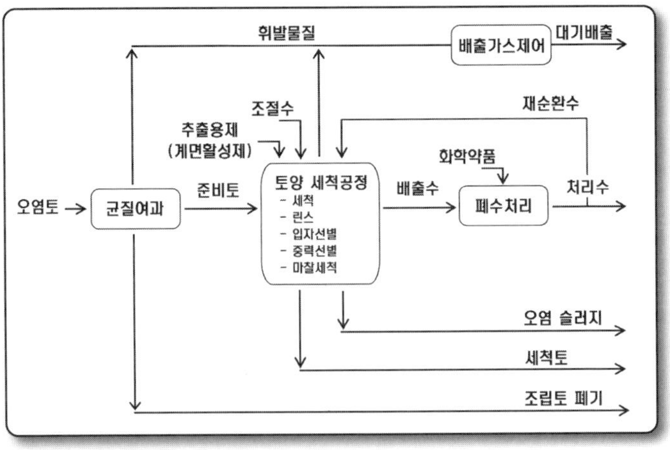

5.1.2.2. 적용 분야

목표 오염물질은 SVOC, 연료 및 중금속 오염물질이다. 일부 VOC나 살충제에도 적용 가능하다.

5.1.2.3. 적용 한계

- 복합오염물의 경우 세정수의 형성이 어렵다.
- 부식(humus)함량이 높은 토양은 선처리가 요구된다.
- 잔존 세정 용제의 부차적 처리
- 점토입자에 흡착된 유기 화합물은 제거하기 어렵다.

5.1.3. 토양증기 추출법

5.1.3.1. 개요

굴착매체로부터 유기화합물의 휘발을 야기하기 위하여 지상 관망에 진공압력이 부가된다. 이 기술은 오염매체로부터 발생한 가스 혹은 휘발가스(off-gases) 처리를 위한 시스템이 필요하다(그림 5.1.2).

타위치 **토양증기 추출법**은 원규모 기술이며, 토양을 굴착하여 지상 관망 위에 타설한 후 유기성 오염물에 진공압력이 가해진다. 토양 더미는 일반적으로 휘발성 배출과 자연강우에 의한 습윤을 방지하기 위해 지오멤브레인으로 덮는다. 이 기술은 오염매체로부터 발생한 가스(off-gases) 처리를 위한 시스템이 필요하다.

|그림 5.1.2| 원위치 토양증기 추출법 모식도

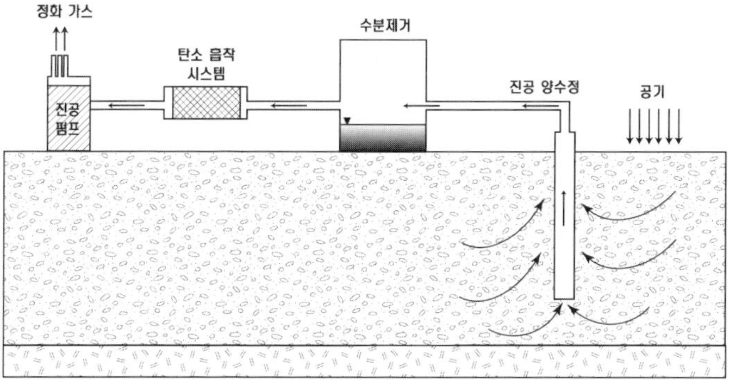

5.1.3.2. 적용 한계

- 굴착이나 오염매질체 처리중 대기 배출이 발생된다.
- 높은 수분함량, 부식함량, 압밀토양은 휘발을 방해한다.
- 대기배출/발생가스 뿐만 아니라 잔존 액상물의 처리에 비용 증가
- 대규모 공간이 요구된다.

5.1.4. 소각

5.1.4.1. 개요

유해폐기물의 유기성분을 연소하기 위하여 고온, 870－1,200℃이 사용된다. 유해 폐기물에 함유된 할로겐족 화합물이나 다른 난 분해성 유기물을 휘발시키거나 연소하기 위하여 고온(870－1,200℃)이 사용된다. 점화 및 연소 지속용으로 종종 보조 연료가 사용된다(그림 5.1.3). 정상적으로 작동 중인 소각로의 파괴 제거 효율은 유해폐기물의 경우 99.99%를 상회하며, PCB나 다이옥신의 경우 99.9999%를 충족할 수 있다. 발생 가스나 연소 잔존물은 처리를 필요로 한다.

- ***Circulating bed combustor*(CBC)**

CBC는 순환하는 고형물질을 부유하기 위하여 고속 기류를 사용하며 큰 와류 연소대를 형성하여 독성 탄화수소계 화합물을 파괴시킨다. 보통의 소각로보다 낮은 온도(1,450－1,600°F)에서 작동된다. 큰 와류는 연소실 주위에 일정 온도를 유지시키며 hot cyclone를 발생시킨다. 효율적인 혼합과 낮은 연소 온도는 운전비용과 질소산화물(NO_x)과 탄소산화물(CO)과 같은 가스의 방출을 감소해 준다.

- ***Circulating fluidized bed*(CFB)**

순환식 유동상(CFB) 기법은 연소 루프(loop)내의 폐기물입자를 순환 부유시키기 위하여 고속 기류를 사용하며 870°F까지 운전한다. 또 다른 실험단위인 적외선 장치는 전기 저항 열 요소인 간접연소 복사 U튜브를 사용해 물질을 가열하고 컨베이어 벨트를 통해 연소실을 통과하게 되며, 870°F까지 운전한다.

- ***Infrared combustion***

적외선 연소 기법은 이동식 열처리 시스템으로서 유기성 폐기물을 연소온도까지 가열하기 위하여 전기 실리콘 카바이드(silicon carbide)봉을 사용한다. 폐기물이 주 연소실로 투입되면 컨베이어 벨트 위의 실리콘 카바이드봉에 의해 제공되는 적외선 복사열에 노출된다. 투입된 폐기물의 산화율을 조절하기 위하여 벨트를 따라 정해진 지점에 송풍기로 공기가 전달된다. 잔존 연소물은 후 연소실에서 소각된다.

|그림 5.1.3| 소각에 의한 유해폐기물 처리법

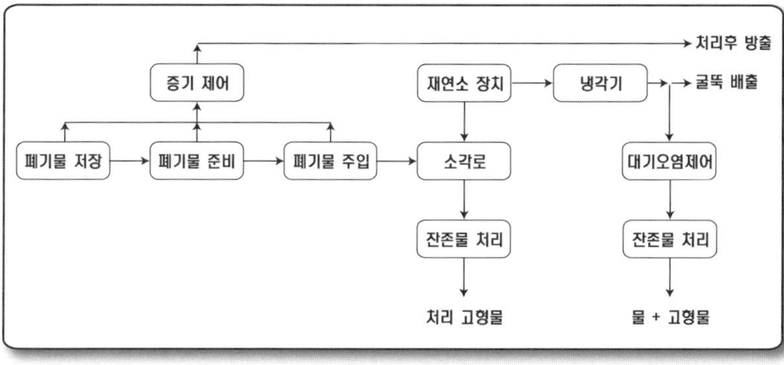

- ***Rotary kiln***

상업용 소각로는 후 연소실이 딸린 회전식 가마(rotary kiln)와 소연장치, 공기 오염조절 장치로 구성된다. 그중 회전식 가마는 내구성 재료로 라이닝이 되어 있고 약간 경사진 회전식 실린더이며, 연소실로 사용되고 980℉까지 작동된다. 소각로에서 발생되는 가스는 대기오염조절장치에 의해 처리되며 입자상 물질과 산성 가스(HCl, NO_x, SO_x) 등을 중화하거나 제거한다. 백하우스(baghouse), 벤츄리 스크루브(venturi scrubber) 그리고 습윤 정전기식 침강기는 입자상 물질을 제거하고 packed-bed 스크루브와 스프레이 드라이어(spray drier)는 산성 가스를 제거한다. 주로 타위치에서 처리되는 소각기법은 150여 개 이상의 Superfund site에서 사용되었으며, 오염처리기간이 단기에서 장기까지 다양하게 사용된다.

5.1.4.2. 적용 분야

폭발물이나 유해폐기물 특히 염소계 탄화수소 화합물, PCB, 다이옥신 등으로 오염된 토양을 복원하는 데 사용된다.

5.1.4.3. 적용 한계

- ► PCB와 다이옥신을 연소하기 위해서는 한 개의 소각로만이 허용된다.
- ► 중금속류는 bottom ash를 발생시키고 안정화를 요한다.
- ► 납, 카드뮴, 수은, 비소 등과 같은 휘발성 중금속류는 연소단위 장치에 가스를 남기게 되고 이들을 제거하는 가스 정화 시스템의 설치가 요구된다.
- ► 금속류는 주입구에서 다른 원소와 반응해 휘발성이나 독성을 증가시킬 수가 있다.

5.1.5. 열 탈착

5.1.5.1. 개요

물과 유기성 오염물질을 휘발시키기 위하여 폐기물을 가열한다. 휘발된 수분과 유기물을 처리시스템으로 운송하기 위하여 캐리어 가스나 진공시스템이 사용된다.

열 탈착은 유기성 물질을 파괴하기 위하여 고안된 것이 아니라 물리적으로 분리하는 공정이다. 폐기물을 가열하여 물과 오염물질을 휘발시킨다. 휘발된 수분과 유기물을 처리시스템으로 운송하기 위하여 캐리어 가스나 진공시스템이 사용된다. 설계 온도와 체재시간은 특정 오염물질만을 휘발시킨다. 두 가지 대표적 열 탈착법은 회전식 건조기와 열 스크류이다. 회전식 건조기는 수평 실린더로서 직접 혹은 간접으로 점화된다. 건조기는 경사진 상태에서 회전된다. 열 스크류 방식은 내부에 설치된 홈통을 통하여 오염매체를 운송하기 위하여 스크류 켄베이어나 hollow auger를 사용한다. 뜨거운 오일이나 증기가 auger를 순환하여 매체를 간접적으로 가열한다. 모든 열 탈착 시스템은 입자상 물질과 오염물질을 제거하기 위하여 발생가스의 처리를 요한다. 입자상 물질은 집진기나 필터로 제거된다. 오염물질은 응축 및 탄소 흡착에 의하여 제거되고 이차 연소실에서 파괴된다. 대부분의 장비는 운송가능하다. 세 가지 유형의 열 탈착 기법이 있다.

1. 직접 연소: 오염매체 표면에 직접 불을 가하는 방법으로 토양으로부터 오

염물질을 탈착시키기 위해서이다(그림 5.1.4).

2. 간접 연소: 회전식 건조기는 기류를 가열하고 이 기류가 직접 접촉하여 토양으로부터 수분과 유기성 오염물질을 탈착시킨다(그림 5.1.5).

3. 간접 가열: 외부 연소식 회전식 건조기는 수분과 유기성 물질을 오염매체로부터 불활성 운송 가스 기류(inert carrier gas stream)로 휘발시킨다. 운송 가스는 오염물질을 제거하거나 회수하기 위하여 재차 처리된다. 탈착기의 운전온도에 따라 고온과 저온탈착으로 구분된다.

• 고온 열 탈착(HTTD)

HTTD는 정 규모(full-scale) 기술이며, 폐기물이 320℃에서 560℃까지 가열된다. 부지 특성에 따라 소각, 고형화/안정화 또는 탈 염소화 기법과 병행하여 사용된다. 이 기법 사용 시 최종 오염물질 농도가 5mg/kg 이하로 처리된다는 것이 입증되었다.

• 저온 열 탈착(LTTD)

LTTD에서는 폐기물이 90℃에서 320℃까지 가열된다. 정규모 기술이며 모든 형태의 토양에 있는 석유계 탄화수소 화합물을 처리하는 데 성공적임이 입증되었다. 오염물질 파괴 효율이 95% 이상이다. 상한계 온도까지 가열하지 않는 한 토양내 유기성분은 파괴되지 않으며, 생물학적 활동까지 가능하게 해 준다.

|그림 5.1.4| 열 탈착에 의한 오염토양 공정(직접연소)

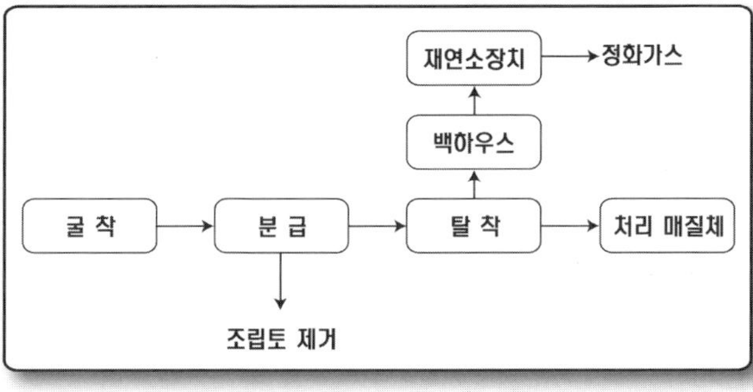

|그림 5.1.5| 열 탈착에 의한 오염토양 공정(간접연소)

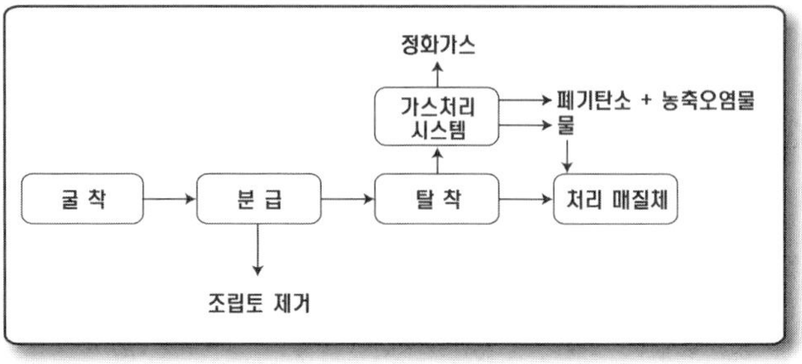

5.1.5.2. 적용 분야

LTTD : VOC, fuels, SVOC
HTTD : SVOC, PAH, PCB, 살충제

5.1.5.3. 적용 한계

- 처리물의 특정 규모와 요구사항이 있다는 점이 특정 부지에서의 적용에 영향을 미치게 된다.
- 적정수분함량을 유지하기 위하여 탈수가 요구된다.
- 투입시 발생될 수 있는 심각한 마찰은 오염물질 처리장비를 손상시킨다.
- 중금속이 포함된 처리물질은 안정화가 요구된다.
- 점토나 실트질 입자는 오염물질과의 결합으로 인하여 반응시간을 증가시킨다.

5.1.6. 매립지 캡(landfill cap)

5.1.6.1. 개요

Landfill cap은 오염원 제어를 위하여 사용된다.

- ***Landfill cap*의 용도**
  - 폐기물의 노출 감소
  - 폐기물내로의 침투 및 침출수 예방
  - 가스 배출제어
  - 식생피복을 위한 지면 확보

매립지 캡은 복원부지와 관련된 인간과 생태학적 위험을 효과적으로 관리할 수 있고 다른 기술보다 경제적이기 때문에 가장 보편적인 복원기술이다. 매립지 캡의 설계는 부지 의존적이며 시스템의 기능에 따라 다르다. 단층 식생토양에서 토양과 geosynthetics의 복합 다층 시스템으로 다양하게 존재한다. 일반적으로 건조지역에서는 단순 시스템을 습윤 지역에서는 복합시스템을 많이 사용한다(그림 5.1.6). 시공재료에는 저 투수성 및 고 투수성 토양과 낮은 투수성을 가진 geosynthetics이 있다. 저 투수성 재료는 침투수가 폐기물 안으로 스며드는 것을 방지하고 고 투수성 재료는 캡안으로 침투하는 침투수를 배출한다. 매립지 캡에서 가장 중요한 부분은 **차수층**과 **배수층**이다. 차수층은 저 투수성 토양(점토)이나 geosynthetic clay liners(GCLs)로 구성된다. 차수층위에는 부드러운 지오멤브레인 라이너가 설치된다. 지오멤브레인은 보통 대규모 롤(roll) 형태로 공급되며 두께 20－140mm, 넓이 15－100ft, 길이 180－840ft이다. 차수재로 쓰이는 토양은 점토이며, 수리전도도가 1×10^{-6}cm/sec 이하가 되도록 압밀시킨다. 토양과 지오멤브레인의 복합 차수층도 사용되는데 이는 각각의 특성을 활용하는 것이다. 즉 지오멤브레인은 본래 불투수성이지만 만약 누수가 발생되면 토양층이 하부 폐기물로 누수 되는 것을 방지해 준다. 부패하기 쉬운 폐기물의 상부에 설치되는 시설은 메탄과 이산화탄소, 온실가스를 수거 및 제어하는 통제실이 있다.

- ***Asphalt/Concrete cap***

가장 효과적인 단층 캡은 콘크리트 혹은 아스팔트로 구성된다. 매립 폐기물과 외부환경과의 설치되는 표면 보호막이다. 아스팔트 콘크리트 캡은 침출수가 매립 폐기물을 관통하여 인근 대수층으로 침투하는 것을 막아 준다.

5.1.6.2. 적용 분야

매립지 캡은 일시적 혹은 최종적일 수도 있다. 일시적 캡은 더 나은 복원방법이 채택될 때까지 침출수 발생을 최소화하기 위해 최종적으로 폐쇄하기 전에 설치된다. 하부 폐기물이 계속 침강하고 있는 동안 침투수를 최소화하기 위해 사용된다. 폐쇄 후 유지비용을 감소하기 위하여 보다 더 안정된 기초가 제공된다.

|그림 5.1.6| 폐기물 매립지 상부캡의 단면도

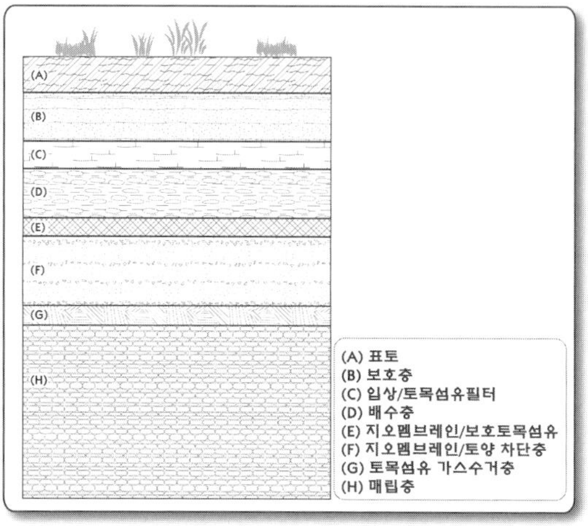

5.1.6.3. 적용 한계

매립은 독성, 유동성, 유해폐기물의 체적 등을 감소하는 것이 아니라 이동을 억제하는 것이다. 하부 폐기물이 지하수면 위에 있을 때 가장 효과적이다. 캡 그 스스로 폐기물을 관통해 흐르는 지하수의 수평적 흐름을 막을 수는 없고 다만 수직적 유입만을 예방할 수 있을 뿐이다. 대부분의 경우 매립지 캡은 수평흐름을 최소화하기 위하여 수직벽과 병행해 사용된다. 매립지 수명을 연장하기 위해서는 장기적인 조사와 유지가 필요하다. 뿌리의 관입이 큰 식생은 캡 지역에서 배제하여야 한다.

5.1.7. 폭기(aeration)

5.1.7.1. 개요

폭기는 자연적 방법 혹은 기계 장치를 이용하여 물과 공기의 접촉 면적을 증가시키는 기법이다(그림 5.1.7).

폭기는 폐수처리 산업에서 널리 사용되는 기법으로 그 설계와 비용에 있어서 신뢰성 있는 자료가 있다. 폭기는 생물학적 분해를 촉진하는 목적으로 물과 공기의 접촉을 야기하는 과정이다. 활성 슬러지, 회전생물접촉법, 점적 관개 필터(trickling filters) 그리고 생물학적 소택지를 포함한 여러 생물학적 기법에 두루

쓰인다.

이 기법의 원리는 공기 방울을 물로 주입하거나, 물을 작은 물방울로 만들어 물과 공기의 접촉을 최대한 크게 하는 것이다. 이러한 접촉을 성취하는 방법 중의 하나가 탑의 아래로 물을 유하시킴으로써 공기는 역방향으로 떠오르게 하는 것이다. 또 다른 방법은 수조내의 폐수로 공기를 불어넣고 기계 장치를 이용하여 물방울을 공기 속으로 추진시키는 것이다.

|그림 5.1.7| 2차원 폭기 시스템

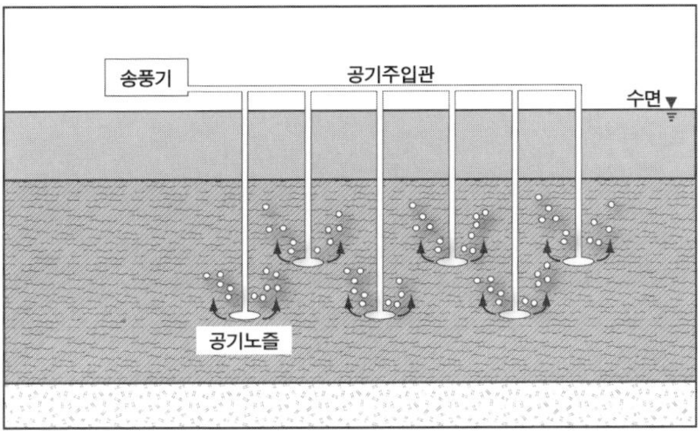

5.1.7.2. 적용 분야

목표 오염물질은 SVOC, VOC, 살충제, 연료이다. 정수과정에서 역겨운 맛이나 냄새의 제거에도 적용된다.

5.1.7.3. 적용 한계

► 적절한 발생 가스 처리장치 없이 고농도의 VOC를 가진 폐수를 처리하지 않아야 한다.

5.1.8. 공기 살포(air sparging)

5.1.8.1. 개요

공기 살포는 오염물질을 휘발시켜 제거하기 위하여 포화 매질체에 공기를 주입하는 기법이다(그림 5.1.8).

오염 현장에 직접 적용될 수 있는 원위치 기법으로 주입 공기는 토양내 통로를 통하여 수평 및 수직방향으로 가로질러 휘발에 의해 오염물질을 제거한다. 주입된 공기는 오염물질을 불포화대로 유출하고 그곳에서는 증기상태의 오염물질을 제거하기 위하여 공기살포법과 병행하여 증기 추출법이 종종 수행된다. 이 기법은 지하수와 토양과의 접촉을 증대하기 위하여 고 유량(high flow rates)에서 작동된다.

5.1.8.2. 적용 분야

목표 오염물질은 VOC와 연료물질이다. 염소계 유기화합물을 코메타볼리즘으로 분해하기 위하여 살포공기에 메탄이 사용된다.

5.1.8.3. 적용 한계

- 포화대로의 공기 흐름이 균질하지 않을 수도 있으며, 이로 인해 위험한 오염물질의 이동이 야기될 수도 있다.
- 오염물질의 위치(깊이)와 그에 따른 지질특성이 고려되어야 한다.
- 공기 주입정이 부지특성에 맞게 설계되어야 한다.
- 토양의 불균질성으로 인해 특정지대의 처리 효율이 낮아질 수도 있다.

|그림 5.1.8| 공기살포에 의한 지하수 오염물질 제거기법

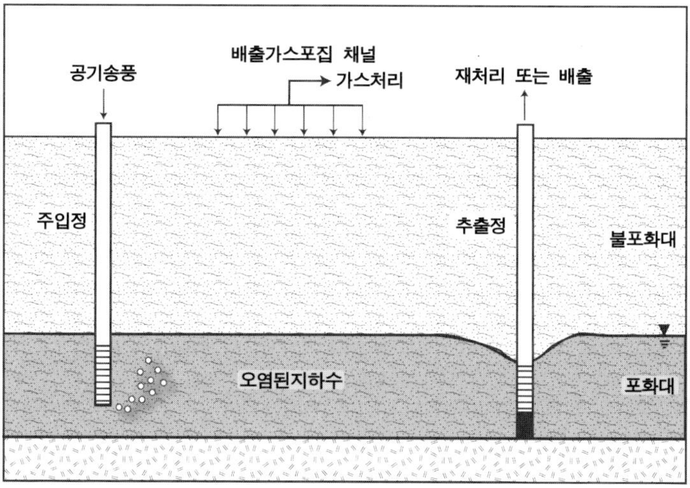

5.1.9. 공기 제거법(air stripping)

5.1.9.1. 개요

휘발성 유기물질은 공기에 노출되는 오염폐수의 면적을 증가시킴으로서 추출 지하수로부터 분할된다. 통기법에는 packed towers, diffused aeration, tray aeration, spray aeration 등의 방법이 있다(그림 5.1.9).

공기 제거법은 휘발성 오염물질의 물에서부터 공기로의 질량이동이다. 지하수 복원에서 이 기법은 packed tower나 aeration tank에서 수행된다. Packed tower 형 공기 제거법은 탑 상부에 스프레이 노즐을 설치하여 폐수를 컬럼내에 균질하게 분포시키고, 팬을 이용하여 수류에 반대 방향으로 공기를 불어넣고, 탑 하부에 sump를 설치하여 처리수를 수거하는 시스템으로 구성된다. 기본 장치에 첨가될 수 있는 보조 장치에는 제거 효율을 향상하기 위한 공기 가열기, sump 레벨 스위치와 안전장치를 갖춘 자동제어 장치, 배출공기 제어 및 처리 장치 등이 있다. Packed tower 형은 콘크리트 패드에 영구적으로 설치되거나 츄레일러에 설치되기도 한다. 폭기조는 오염물질이 유하하는 탱크에 공기방울을 주입함으로써 휘발성 화합물을 제거한다. 압력 공기 블로우어와 분배장치가 폐수와 공기와의 접촉을 확보하도록 설계된다. 공기에 의한 제거가 일어날 수 있도록 적절한 체재시간을 확보하기 위하여 정류장치도 설치된다. 폭기조의 이점은 packed tower에 비해 2미터 이하의 낮은 크기를 가지고 있어 높이의 제한이 있거나 chamber나 tray를 제거함으로써 feed composition을 변화시키는 데 수정이 편리한 점에 있다. 폭기조로부터 배출되는 공기는 packed tower와 같은 방법으로 처리될 수 있다.

Packing 형태를 수정하면 제거효율을 상당히 증가시키게 된다. 최근에 개발된 새로운 기법은 소위 낮은 높이의 공기 제거법으로 여러 제품업자들에 의해 제공되고 있는데 이 기법은 아주 작은 공간에 여러 개의 tray를 설치함으로써 공간을 최소화하는 대신 폐수와 공기의 접촉을 최대화하는 것이다. 수직 및 수평공간을 현저히 줄이기 때문에 이러한 장치는 지하수 처리 시 사용이 더욱더 증가될 것이다.

5.1.9.2. 적용 분야

공기 제거법은 VOC를 폐수로부터 분리하는 데 사용되므로 무기 오염물질에는 비효율적이다. 효율성을 판단하기 위해서는 헨리 상수가 사용된다. 일반적으로 헨리 상수가 0.01기압(m^3/mol) 이상일 경우 이 기법의 적용이 가능하다. 성공적으로 분리된 화합물에는 BTEX, chloroethane, TCE, DCE, PCE 등이 있다.

|그림 5.1.9| 공기 제거법에 의한 폐수내 휘발성 유기물질 제거 장치

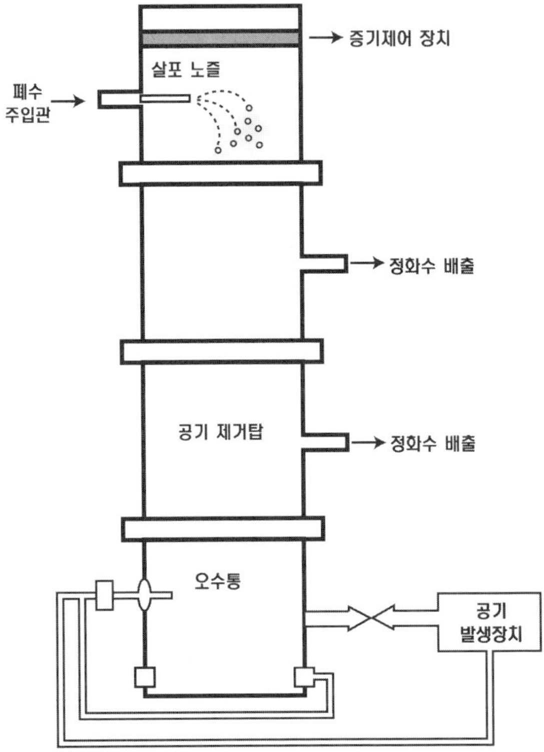

5.1.9.3. 적용 한계

- 무기 물질이나 생물학적 작용에 의해 장비가 손상될 수 있으며, 따라서 정기적인 컬럼 세척이 요구된다.
- 헨리 상수 0.01 이상인 화합물에 대해서만 유효하다.
- Packing의 형태와 양에 세심한 주의가 필요하다.
- 처리 에너지 비용이 높다.
- 발생 가스의 처리가 요구된다.

5.1.10. 고형화/안정화

5.1.10.1. 개요

오염물질은 안정화된 매질체내에 물리적으로 결합되거나, 그 이동성을 감소하기 위하여 안정화하는 매체와 오염물질 사이의 화학반응을 유도한다(그림 5.1.10).

안정화와 고정화 기술에 많은 혁신이 있으며, 그 대부분은 기존 기술의 개량으로 유해성분의 포획이나 고정화 그리고 폐기물이나 오염토양의 처리와 관련된다. 아홉 가지의 혁신 기술은: (1) bituminization, (2) 유화 아스팔트, (3) 개량 황 시멘트, (4) 폴리에틸렌 배출, (5) 포졸란/포틀랜드 시멘트, (6) 방사능 폐기물 고형화, (7) 슬러지 안정화, (8) 용존 인산염, (9) Vitrification/Molten glass 등이다.

- ***Bituminization***

이 기법에서는 폐기물은 용융 bitumen에 투입되며 냉각될 때 캡슐화된다. 이 과정에서 가열 bitumen과 슬러리 형태의 농축 폐기물이 가열 extruder에서 혼합되며, 내부의 스크류가 bitumen과 폐기물을 혼합시킨다. 혼합물로부터 수분이 증발되어 약 0.5% 수분함량까지 유지되며, 최종산물은 고형물과 bitumen의 균질 혼합물이다.

- ***Emulsified asphalt***

아스팔트 유화는 물에 분산된 미세 입자의 아스팔트이며, 화학 유화제에 의해 안정화된다. 양이온 혹은 음이온 유화가 가능하다. 유화 아스팔트 기술은 적정 전하를 가지는 유화 아스팔트를 상온에서 친수성 액체나 폐기물에 가하는 것이다. 혼합후 폐기물내 수분은 방출되면서 유화액은 균열되고, 유기물은 고형폐기물 주위에 연속 매질체의 소수성 아스팔트를 형성한다. 어떤 경우에는 lime이나 석고와 같은 중화제가 요구되기도 한다. 충분한 시간이 지난 후 고형 아스팔트는 균질하게 분포된 폐기물을 지니고 있으며, 물에도 방수성이 있다.

- **개량 황 시멘트**

이 시멘트는 상용화된 thermoplastic 재료이다. 쉽게 녹으며(127－149℃) 폐기물과 혼합해 균질 용융 슬러리를 형성하여 적정 용기에 배출되어 냉각, 저장, 처분된다. Paddle mixers, pug mills와 같은 다양한 혼합기가 사용된다. 비교적 낮은 온도의 사용은 이산화황이나 황화수소의 방출을 허용한계치 이내로 제한하여 준다.

• ***Polyethylene extrusion***

이 기술은 혼합/운송 스크류를 지닌 가열 실린더를 사용해 폴리에틸렌 바인더와 건조 폐기물을 혼합하는 것이다. 가열된 균질 혼합물은 실린더 외부 몰드로 배출되어 냉각 고형화된다. 폴리에틸렌은 아주 안정된 고형물을 만들어 낸다. 이 기술은 플랜트 규모에서 질산염 폐기물처리에 시험된바 있으며, 벤치 규모나 파일럿 규모에서 다른 폐기물에도 적용되고 있다.

• ***Pozzolan/Portland cement***

이 시멘트는 주로 규산염(silicates)으로 구성되며, 규산염은 플라이 애쉬, 용광로 분진, 슬래그와 같은 포졸란 관련 물질과 포틀란드 시멘트와 같은 시멘트관련 물질로부터 발생된다. 이러한 물질은 물과 반응하여 고형 시멘트상의 매질체를 형성하여 폐기물의 물리적 특성을 향상시켜 처리를 용이하게 한다. 또한 수용액의 pH를 증가시켜 중금속 오염물질을 침전시켜 고정화하는 데 도움이 된다. 포졸란 및 시멘트 관련 결합제는 무기 오염물질에 적합하다.

• **방사능 폐기물 고정화**

이 기법에서는 고형화용 첨가제가 사용되는데 그 이유는 균질하고 안정된 매질체를 형성하여 방사능 폐기물을 캡슐화하기 위해서이다. 부속장치에는 액체나 슬러리용 펌프, 슬러지나 고형물용 켄베이어, 저장용 사일로, 저울용 공급 장치, 배관, 믹서 등이 있다.

• **슬러지 안정화**

이 공정은 반응매체 즉 슬래그나 시멘트성 재료를 슬러지에 첨가해서, 유해물질이 최대한 부동적이거나 무독성화되도록 물질을 전환하는 것이다. 중금속이나 다른 오염물질을 용탈시키는 슬러지는 유해성분을 고정화하기 위하여 종종 안정화 처리된다.

- ***Soluble phosphates***

다양한 pH범위에 걸쳐 중금속을 고정화(불용성)하기 위하여 저용해도 복합 중금속 분자의 형성이나 pH조절을 목적으로 다양한 형태의 인산염이나 알칼리를 첨가하는 것이다. 다른 고정화 처리와는 달리, 이 기법은 폐기물을 경화된 단일매체로 전환하지 않는다. 인산염과 방해석(lime)의 한 가지 사용 예는 회분(ash)내에 있는 납과 카드뮴을 고정화하기 위하여 플라이 애쉬를 안정화하는 데 있다.

- ***Vitrification/Molten Glass***

이 기술은 고형화(solidification) 기법 중 하나이며, 폐기물을 유리나 결정체로 전환하기 위하여 1,200℃까지 가열하는 것이다. 이렇게 높은 온도는 어떤 형태의 유기성 성분도 파괴하며 부산물도 아주 적다. 중금속이나 방사능 핵종과 같은 물질은 실제로 유리질 구조로 병합되어, 상대적으로 강하고 용탈에 내구성이 있는 물체로 바뀌게 된다. Boro-silicate나 soda-lime은 주요 유리질 형성재료이며, 유리질체의 기본 틀을 제공한다.

5.1.10.2. 적용 분야

목표 오염물질은 방사능 핵종을 포함한 무기물질이다. 유기성 물질과 살충제에는 효율성이 제한된다.

|그림 5.1.10| 고형화에 의한 폐기물 처리기술

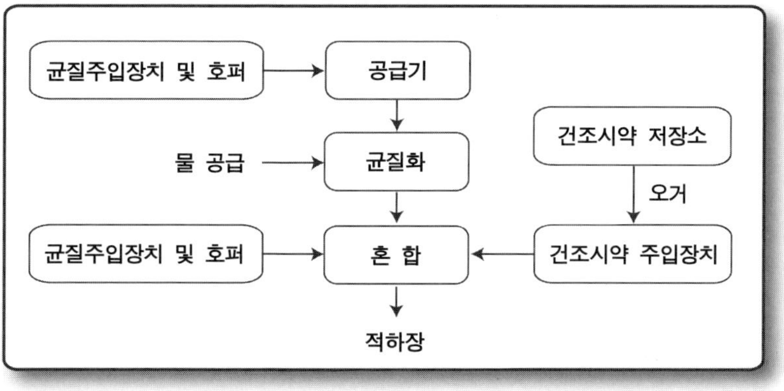

5.1.10.3. 적용 한계

- ► 환경조건이 오염물질의 장기적 고정화에 영향을 줄 수도 있다.
- ► 어떤 공정은 상당한 체적 증가를 야기한다.
- ► 어떤 폐기물은 다른 공정과 부합되지 않는다.
- ► 유기성 물질은 일반적으로 고정화되지 않는다.
- ► 장기적 효율성이 아직 입증되지 않았다.

5.1.11. 매립지 캡 보강법(landfill cap enhancement : LCE)

5.1.11.1. 개요

LCE의 목적은 오염물질의 이동을 감소시키는 것이며, 여기에는 물을 수거하는 것과 식생 커버의 두 가지 방법이 있다(그림 5.1.11).

매립지 덮개에 낙하하는 강우는 유출, 토양침투, 증발산, 침루 등의 수문학적 과정을 밟는다. 침루를 감소하기 위해서는 유출이나 증발산이 증대되어야 한다.

- ***Water harvesting***

  물을 수거(water harvesting)하는 것은 매립지를 수문학적으로 잘 관리하기 위하여 유출수 상승을 주도한다. 이러한 유출 증대는 매립지 덮개에 빗물받이(홈통)를 설치함으로써 가능하다.

- ***Vegetative cover***

  식생 커버는 식물흡수나 증발산을 통하여 토양수분을 감소한다. 식물 커버는 토양침식 또한 제한한다.

5.1.11.2. 적용 분야

LCE는 매립지, 지표저류(surface impoundment), 폐기물 더미, 슬러지, 광미 등에 적용이 가능하다.

|그림 5.1.11| 폐기물 매립지의 침출수 방지 시스템 개요

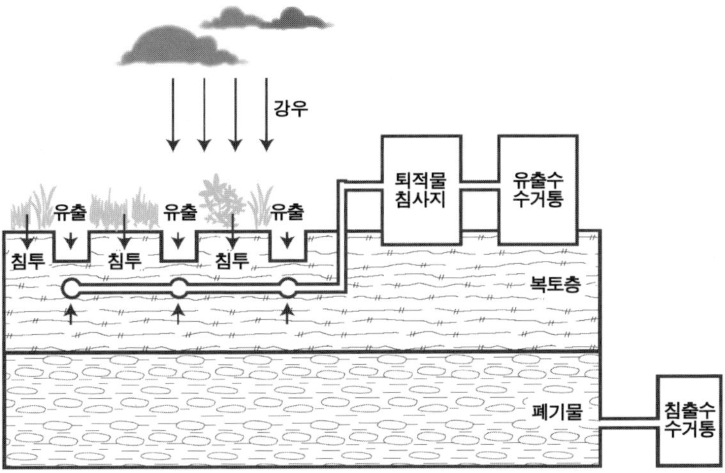

5.1.11.3. 적용 한계

- 적절한 부지평가가 요구된다.
- 식생피복이 계절적이다.

5.1.12. 굴착, 회수, 처분

5.1.12.1.개요

오염물질이 제거되고 처리나 처분시설로 운송된다. 선처리가 요구될 때도 있다. Confined disposal facilities(CDF)는 제방으로 둘러싸인 공학적 구조물로서 준설물을 보관하기 위하여 설계된다. 하나의 CDF는 한 개의 큰 셀을 가질 수도 있고 폐수의 저류를 위한 연결된 여러 개의 셀을 가질 수도 있다. 제방벽을 통하여 발생되는 누수를 방지하기 위하여 다양한 라이닝이 사용된다. 가장 효과적인 재료는 점토나 벤토나이트-시멘트 슬러리이다.

위치와 설계가 CDF의 두 가지 중요한 고려사항이다. 위치선정에는 물리적 측면(규모, 운송용 수로와의 거리), 설계/시공(지질학/수문학) 그리고 환경(현재의 용도, 환경적 가치) 등의 고려사항이 있다. CDF설계의 궁극적인 목표는 오염물질 발생을 최소화하는 것이다.

5.1.12.2. 적용 분야

굴착과 처분은 특정 목표오염물질과 관계없이 모든 오염물질에 적용가능하다.

5.1.12.3. 적용 한계

- ► 일시적 배출가스의 발생
- ► 오염부지와 처분장까지의 짧은 거리가 비용을 초래할 수도 있다.
- ► 인구과밀지역을 관통하여 토양을 운송하는 것은 지역주민의 반발을 야기할 수 있다.
- ► 특정 폐기물의 처분은 제한된다.
- ► CDF로부터 오염물질이 유출과 냄새나 해충의 문제를 야기할 수가 있다.

5.2. 화학적 방법

5.2.1. 화학적 산화

5.2.1.1. 개요

지금까지 가장 많이 사용되는 화학적 산화물은 peroxide, 오존, permanganate이다. 이러한 과산화물은 독성 유기화합물을 신속하고 완전하게 파괴할 수 있다(그림 5.2.1). 일반적으로 불포화 지방족(TCE), 방향족화합물(benzene)에 대하여 처리효율이 아주 높고(〉90%), 반응속도도 아주 빠르다(90%/min). 현장 적용 결과 과산화물의 적합성, 오염물질에의 전달성, 부지특성이 이 기법의 성공여부를 판가름하는 열쇠가 된다는 것이 보고되었다.

• ***Ozone addition***

오존 가스는 오염물질을 직접적으로 산화하거나, 하드록실 라디칼을 형성하여 산화한다. peroxide와 같이 오존반응은 산성 pH에서 가장 유용하다. 산화 반응은 극도로 빨리 진행되며 pseudo first order kinetics에 지배된다. 오존의 높은 반응성과 불안정성으로 오존은 현장에서 생산되고 전달 지점에 근접해야 한다.

• ***Peroxide***

2가 철이 존재하는 경우 액체 과산화수소를 사용한 산화는 Fenton's reagent를 발생시키고 하드록실 라디칼을 산출한다. 이러한 과산화물은 다양한 종류의 유기화합물을 분해한다. 펜톤산화는 산성 환경에서 가장 효과적이며, 알칼리 환경에서는 덜 효과적이다. 반응이 아주 빠르며 second order kinetics를 따른다.

• ***Permanganate***

자연계에서 permanganate의 화학량론적 반응은 복잡하다. 다 이온가와 미네랄 형태 때문에 망간은 많은 반응에서 침전된다. 반응속도는 앞의 두 가지 반응보다 다소 낮다. pH에 따라 전자전달에 의한 파괴 혹은 라디칼 산화에 의한 파괴로 구분되며, pH 3.5-12범위에서 유효하다.

|그림 5.2.1| 화학적 산화에 의한 유기오염물질 제거 기술

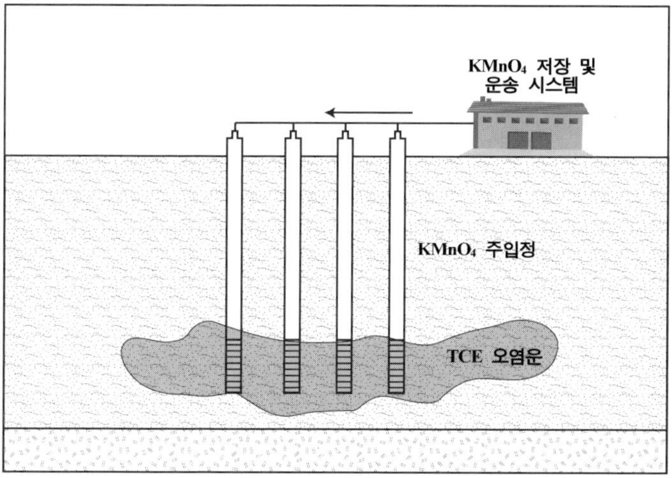

5.2.1.2. 적용 분야

목표 오염물질의 분해정도는 화학물질 특성과 산화에 대한 취약성, matrix 조건, pH, 온도, 산화제 농도 그리고 유기물과 같은 산화제 소비 물질의 농도에 영향을 받는다. 주어진 반응률에 대하여 지하에 전달하고 분포하는 방법이 가장 중요한 관건이 된다. 산화제 전달 시스템은 종종 수직 혹은 수평 주입정을 채택하며, 산화제를 지하로 빠르게 이동하기 위하여 살포지점을 가지고 있다.

5.2.1.3. 적용 한계

- ► 처리 중 발생하는 치명적 위험이 있다.
- ► 몇몇 오염물질은 산화 저항성이 크다.

5.2.2. 화학적 추출

5.2.2.1. 개요

폐기물로 오염된 토양과 추출물질이 용출조내에서 혼합되어 오염물질을 용해시킨다. 그런 뒤 추출용액은 분리조에 투입되고 거기에서 오염물질과 추출물질이 분리되어 재사용 혹은 처리된다(그림 5.2.2).

이 기법은 오염물질을 파괴하지 않고 유해 오염물질을 토양, 슬러지, 퇴적물로부터 분리하는 방법으로서 처리해야 될 유해폐기물 양의 체적을 감소하는 방법이다. 이 기술은 추출 화학물질을 사용하며 물이나 세척 첨가제를 사용하는 토양세척법과 다르다. 상용화 규모의 기기가 사용되고 있으며, 화학물질, 장비형태, 작동방법에 따라 다양하다.

- **산 추출**

산(酸) 역시 추출물질로 사용될 수 있으며, 토양으로부터 중금속 오염물질을 추출하는 경우 염산을 사용한다. 이 경우 토양은 먼저 스크린을 통하여 조립 고형물질이 제거된 후 추출공정에서 염산이 부과된다. 이 공정에서의 체재시간은 토양형태, 오염물질, 오염물질 농도에 따라 상이하나, 개략 10－40분 정도 된다. 토양-추출물질 간의 혼합물은 혼합탱크로부터 계속하여 배출되며, 토양과 추출물질은 각각 hydrocyclone을 사용하여 분리한다.

추출이 종료된 후 고형물질은 린스(rinse) 시스템으로 전송된다. 토양은 액상부유(entrained) 산성물질과 중금속을 제거하기 위해 물로 세척한다. 추출용액과 세척수는 가성소오다(sodium hydroxide), 방해석(lime)과 같은 상업용 침전제와 중금속 제거용 및 산 복구용 응집제와 함께 재생된다. 중금속은 회수가 용이한 형태로 농축된다. 마지막 단계에서 토양은 탈수되고, 방해석과 비료와 혼합하여 중성화된다.

|그림 5.2.2| 화학적 추출에 의한 유기오염물질 제거 기법

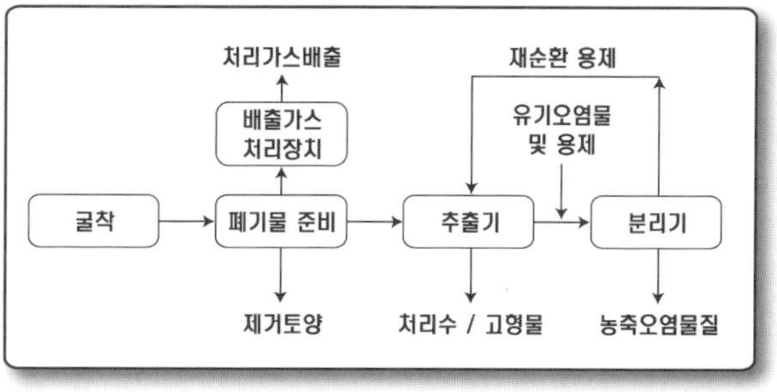

- **용매추출**

이 기법은 추출물질로서 유기용매를 사용하여 화학적 추출을 하는 방법이며, 부지 특성에 따라 고형화(solidification) 혹은 안정화(stabilization), 소각(incineration), 토양세척 등 다른 기법들과 조합하여 보통 사용된다. 어떤 경우에는 독립적인 하나의 방법으로도 사용가능하다. 특히 유기적으로 결합된 중금속류는 목표 유기 오염물질과 함께 추출되므로 추출 후 특수처리가 요구된다. 경미한 농도의 용매가 처리 토양 복합체에 잔존할 수도 있어 용매의 독성이 이 기법의 사용에 있어 고려해야 할 중요한 사안이 될 수도 있다. 처리 매체는 BDAT 및 기타 기준에 충족된다면 부지에 반환된다.

작동기간은 중기이다.

5.2.2.2. 적용 분야

PCB, VOC, 할로겐족 용매, 석유 폐기물과 같은 유기성 오염물질을 함유하고 있는 토양, 퇴적물, 슬러지 등에 효과적임이 입증되었다. 페인트 폐기물, 합성고무 폐기물, 코올 타르 폐기물, 천공 니토, 목재처리 폐기물, 분리 슬러지, 살충제, 정유산업 폐기물 등과 같은 유기성 오염물질의 분리에도 적용 가능성이 있는 것으로 나타났다.

5.2.2.3. 적용 한계

- 토양이나 수분함량에 따라 역효과가 나타날 수도 있다.
- 점토함량이 많은 경우 추출효율을 감소하고 긴 접촉시간을 요한다.

▸ 유기성 중금속의 경우 잔존물 처리에 어려움이 있다.
▸ 세척제와 유화제는 추출과정에 바람직하지 못한 결과를 초래할 수도 있다.
▸ 잔존 용제의 독성문제
▸ 고분자가나 친수성물질에 비효율적이다.
▸ 산처리 후 초라 토양의 중화(neutralization) 요구
▸ 초기자본이 많이 요구되므로 대규모 부지에 경제적이다.
▸ 매우 엄격한 중금속 기준을 요구하는 경우 비경제적이다.

5.2.3. 환원/산화 기법

5.2.3.1. 개요

환원/산화 기법은 유해 오염물질을 무해한 물질 혹은 저독성 물질로 전환하여 안정적, 저활성, 비반응성으로 만든다(그림 5.2.3).

산화 매체로서 오존, 과산화수소, hypochlorites, 염소, chlorine dioxide를 사용한다.

산화환원 반응(redox)은 하나의 화합물에서 다른 화합물로 전자를 전달하는 것이며, 한 화합물이 전자를 잃을 때 산화되는 것이고 전자를 얻으면 환원된다. 유해 오염물질의 처리에 사용되는 산화 매체는 오존, 과산화수소, hypochlorites, 염소, chlorine doxide 등이다. 화학적 산화환원 기법은 음용수나 폐수 소독에 사용되는 대표적 기법이며, 시안화합물에도 통상적으로 적용된다.

이 기법은 단-중기 기술이다.

|그림 5.2.3| 환원/산화기법에 의한 토양오염물질 제거 공정

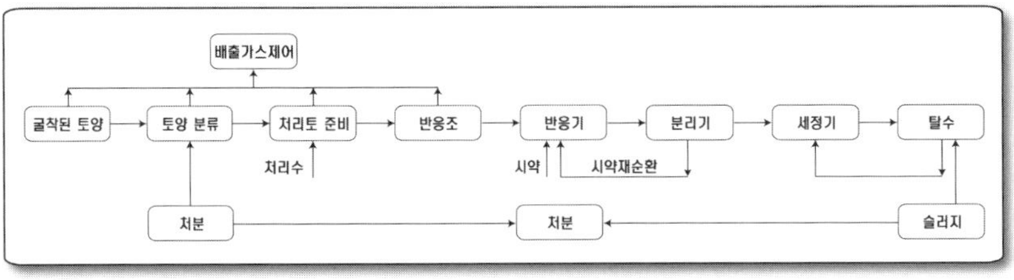

5.2.3.2. 적용 분야

화학적 산화환원 기법은 무기물질에 적용되며, 비할로겐족 휘발성 물질, 석유

탄화수소계 화합물, 살충제에는 비교적 효율성이 떨어진다.

5.2.3.3. 적용 한계

- 오염물질과 산화제에 따라 불완전 산화나 중간 부산물이 형성될 수도 있다.
- 많은 산화제가 필요한 고농도 오염물질에는 비경제적이다.
- 매체에 오일이나 그리스(grease)가 있는 경우 처리 효율을 떨어뜨리므로 최소화해야 한다.

5.2.4. 탈할로겐화(dehalogenation)

5.2.4.1. 개요

할로겐족 유기화합물로 오염된 토양에 반응물질이 첨가된다. 탈할로겐화 과정은 할로겐 분자를 치환하거나 오염물질의 분해나 부분적 휘발에 의해서 일어난다(그림 5.2.4).

오염된 토양을 스크린과정과 분쇄과정을 거쳐 반응물질과 혼합한 후 반응조에서 가열한다. 탈할로겐화 과정은 할로겐 분자를 치환하거나 오염물질의 분해나 부분적 휘발에 의해서 일어난다.

- **염기촉매분해법(*base-catalyzed decomposition*: BCD)**

BCD기법은 PCB, 다이옥신, 퓨란과 같은 유기염소계 화합물로 오염된 토양이나 퇴적물을 복원하기 위하여 미국 환경청 산하 위험저감공학실험실(RREL)과 해군시설물공학서비스센터(NFESC)가 협동하여 개발한 기법이다. 오염된 토양을 스크린과 분쇄과정을 거쳐 $NaHCO_3$와 혼합한 후 오염물질을 부분적으로 분해하거나 휘발시키기 위하여 반응조에서 330℃ 이상으로 가열한다. 휘발 오염물질은 회수, 응축, 각각 처리된다.

- ***Glycolate/Alkaline polyethylene glycol*(APEG)**

Glycolate는 반응물질로서 APEG를 사용하는 원규모 기술이다.
Potassium polyethylene glycol(KPEG)이 가장 많이 사용된다. 오염된 토양과 반응물질이 처리조에 혼합한 후 가열된다. 이 과정에서 polyethylene glycol이 할로겐 분자를 대체하여 화합물을 무해화하거나 저독성화한다. 탈할로겐 기법은 일반적으로 독립적 기법이나, 다른 기법들과 병행하여 사용될 수도 있다.

이 기법은 단-중기 과정을 요한다.

|그림 5.2.4| 탈할로겐화 기법에 의한 토양오염물질 제거 공정

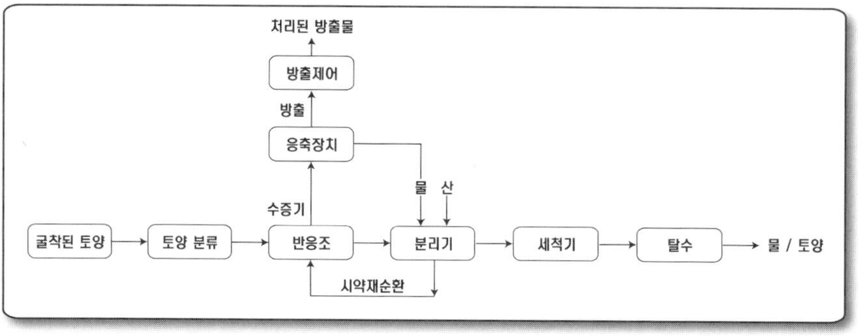

5.2.4.2. 적용 분야

이 기법의 대상 오염물질은 할로겐화 SVOC 및 살충제이다. 그중 APEG기법은 PCB를 현장에서 처리했을 때 소각에 의한 방법외에 성공한 몇몇 기법 중 하나이다. BCD 기법 또한 할로겐족 VOC에 적용할 수 있으나 더 많은 비용이 든다.

5.2.4.3. 적용 한계

- 점토 및 수분함량이 높으면 처리비용이 증가한다.
- 대규모 폐기물인 경우 APEG/KPEG 기술은 비경제적이다.
- 유기염소계 화합물이 5% 이상의 농도에서는 다량의 반응물질이 요구된다.
- BCD처리기법에서 토양이 수분이나 미세질입자를 많이 함유할 경우 휘발물질의 회수와 처리가 까다롭다.

5.2.5. 열분해(pyrolysis)

5.2.5.1. 개요

무산소 조건에서 열에 의해 유기물질의 화학적 분해를 유도한다. 유기물은 가스 성분과 고형 잔존물(coke)로 변환되고 잔존물은 고정 탄소와 재로 구성된다.

열분해는 무산소 조건에서 열에 의해 유기물질에 유도되는 화학적 분해로 정의된다. 실제로 완전히 산소가 없는 대기 조건을 성취하기란 불가능하다. 따라서 실제의 열분해 시스템은 화학양론 측면에서 볼 때 화학반응에 필요한 실제의 산소보다 약간 작은 상태에서 작동된다. 어떤 시스템이든 약간의 산소가 존재하기 때문에 극미량의 산화가 발생한다. 휘발성 물질이 폐기물에 존재한다면 열 탈착도 발생하게 된다.

열분해는 유해한 유기물을 가스 성분과 액체, 그리고 탄소와 재를 함유하는 고형 잔존물로 변환한다. 유기물을 열분해하면 일산화탄소, 수소, 메탄을 포함한 가연성 가스와 기타 탄화수소가 발생된다. 발생 가스를 냉각하면 응축되어 기름/타르와 같은 잔존물과 오염수를 발생시킨다. 열분해는 압력하에서 일어나며 작동온도는 약 430℃이다. 발생가스는 이차 연소실에서 처리되고 부분적으로 응축된다. 직물 필터나 습윤 집진기와 같은 입자상 물질 제거 장비 또한 요구된다. 폐기물 열분해에는 회전식 가마나 용광로와 같은 열처리 방식이 사용된다.

- ***Rotary kiln***

회전식 가마는 내구성 재료로 라이닝이 되어 있고 약간 경사진 회전식 실린더가 연소실로 사용된다.

- ***Fluidized bed furnace***

순환식 유동상(CFB) 기법은 연소 루프(loop)내의 폐기물입자를 순환 부유시키기 위하여 고속 기류를 사용하며 870°F까지 운전한다.

|그림 5.2.5| 열분해에 의한 오염토양 정화 기술

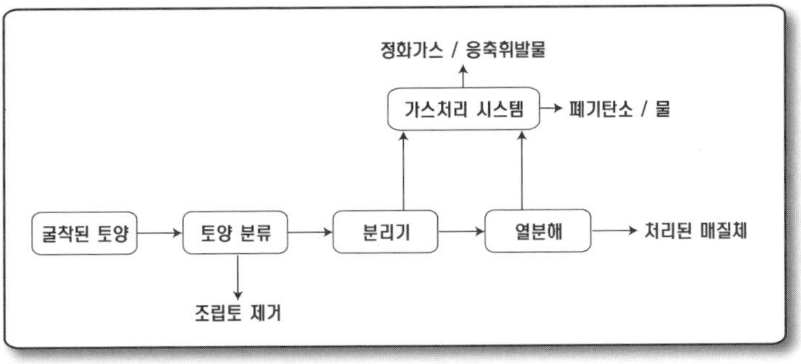

5.2.5.2. 적용 분야

목표 오염물질은 SVOC나 살충제이다. 유기물을 정련(제)소 폐기물, 석탄 타르 폐기물, 목재 처리 폐기물, 크레로조트 오염토양, 탄화수소 화합물 오염토양, 혼합 폐기물(방사능 및 유해폐기물), 복합고무 처리 폐기물, 그리고 페인트 폐기물로부터 분리하는 데 사용된다.

열분해는 토양이나 오일 슬러지에 있는 유기 오염물질을 처리하는 데 효과적이다. 처리된 바 있는 오염물질에는 PCB, 다이옥신, PAH 그리고 다수의 유기성 물질이 포함된다.

5.2.5.3. 적용 한계

- 처리물의 특정 규모와 요구사항이 있다는 점이 특정 부지에서의 적용에 영향을 미치게 된다.
- 낮은 수분함량(<1%)에 도달하기 위하여 토양 건조가 요구된다.
- 투입 시 발생될 수 있는 심각한 마찰은 오염물질 처리장비를 손상한다.
- 높은 수분함량은 처리비용을 증가시킨다.
- 중금속이 포함된 처리물질은 안정화가 요구된다.

5.2.6. 투수성 반응벽체(permeable reactive barriers)

5.2.6.1. 개요

투수성 반응벽체(PRBs)란 오염운(contaminant plume)이 흐르는 통로를 가로질러 오염물이 존재하는 지하대수층에 연직방향으로 매설되는 반응성 매질체로서 지하수 오염대의 수리학적 흐름을 이용해 반응매질과 오염물질의 화학적 반응을 유도하여 오염을 제거하는 방법이다(그림 5.2.6a). 이러한 벽체는 오염수를 통과시키면서 한편으로는 오염물질의 분해와 제거를 야기한다. 예컨대, 물은 통과시키되 0가 철(zero-valent metals)이나, 흡착제, 미생물 등을 수용하여 오염물질의 통과량을 감소한다. 오염물질은 분해되거나 벽체에 농축되어 보유된다.

이 기법은 오염된 지하수의 흐름을 유지한 채로 그 위치(원위치)에서 정화할 수 있으므로 별도의 후처리 및 정화과정에서의 부가적인 에너지 혹은 동력이 필요 없는 경제적 오염물질 처리기법이다. 특히, 지속적인 지하수 오염이 예상되는 경우 지하수 흐름의 변경 없이 정화가 가능하므로 투수성 반응벽체는 오염된 지하수를 현장에서 정화하는 혁신적이고 경제적인 기술로서 큰 관심을 받고 있다. 반응벽체 내에 적용할 매질체에는 zero-valent metal(iron metal), humic materials, oxides, surfactant-modified zeolites(SMZs) 등이 있다. 투수성 반응벽체 내 반응물질(reactive materials)들은 지하수 내에 용해되어 있는 오염물질들을 벽체 내에 고정화하거나 해가 없는 물질로 변환해 주는 역할을 한다. 이러한 오염물질의 제거기법에는 (1) 흡착과 침전, (2) 화학적 반응, (3) 생물학적 반응 등이 있다.

|그림 5.2.6a| 투수반응벽체에 의한 오염물질 정화기법

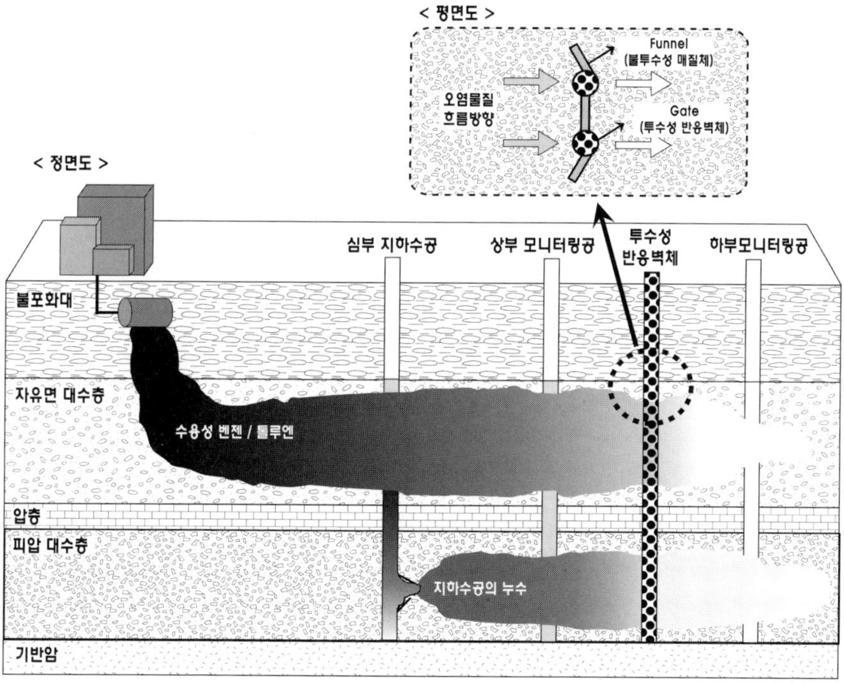

5.2.6.2. 적용방법

일반적으로 현장 적용 시 사용되고 있는 반응벽체의 형태는 연속형 반응벽체(continuous PRBs)와 유도벽 부착형 반응벽체(funnel & gate PRBs)이며, 그림 5.2.6b와 같다.

|그림 5.2.6b| 연속형 반응벽체와 Funnel & Gate형 반응벽체

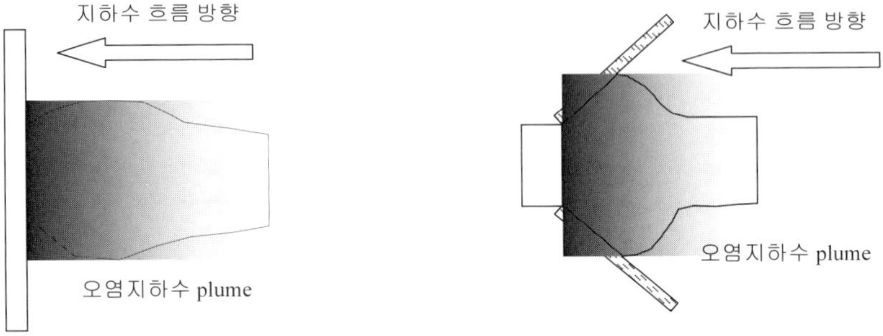

연속형 반응벽체 (continuous reactive barrier)

Funnel & gate 형 반응벽체 (Funnel & Gate reative barrier)

- ***Continuous reactive wall***

연속형 반응벽체는 현재 가장 널리 사용되고 있으며, 지하수의 흐름에 가장 적은 충격을 주는 형태이다. 적당한 위치에 먼저 굴착한 뒤 반응물질을 매설하여 지하수 오염운과 접촉하도록 하는 방법이다. 반응벽체의 두께는 충분히 오염원을 처리할 수 있는 정도를 유지해야 하며, 이는 반응벽체의 투수계수와 전반적인 대수층의 수리균배(경사도)와도 관련된다.

- ***Funnel and gate***

기본적 반응벽체에서 발전된 형태에는 funnel and gate 시스템이 있다. 오염운을 원위치에서 처리하기 위하여 이 시스템은 낮은 수리전도도를 가진 cutoff wall 혹은 funnel과 반응층을 함유하는 gate로 구성된다. 지하수는 주로 높은 수리전도도를 가진 gate를 통하여 흐르게 된다. 유도벽 부착형 반응벽체(funnel and gate)는 투수성이 낮은 유도벽부(Funnel)를 이용하여 지하수 오염대의 흐름을 반응벽부(gate)로 유도하여 처리하는 방법이다. 유도벽은 주로 시트파일, 슬러리월 및 기타 저투수성 재료로 구성되며, 단면적이 큰 지하수의 흐름을 상대적으로 단면적이 작은 반응벽 쪽으로 유도하여 처리하기 때문에 반응벽에서의 지하수 흐름은 자연적인 동수경사 조건일 때보다 상대적으로 빠르다. 현재 가장 많이 쓰이는 cutoff wall의 형태는 slurry wall이나 sheet pile이다. Funnel 벽으로서 jet grouting과 같은 새로운 기법도 고려되고 있다.

- ***Iron treatment wall***

철처리벽(iron treatement wall)은 TCE나 DCE와 같은 유기염소계 화합물을 처리하기 위해 입상 철분으로 구성된다. 철이 산화될 때 방출되는 전자를 이용하여 한 가지 이상의 탈염소화 환원기작에 의해 염소원자가 화합물로부터 제거된다. 이 과정에서, 철입자는 용해되지만 천천히 소모되므로 복원벽체로서 오랜 기간(수년-수십 년) 동안 유용하게 사용될 수 있다.

반응벽체는 지하수내 오염물질의 이동을 제어하기 위해 장기간이 소요되는 기법이다.

5.2.6.3. 적용 분야

목표오염물질은 VOC, SVOC 그리고 무기오염물질이다. 반응벽체 기법에서 사용하는 반응 물질은 충분한 기초실험을 통하여 지반환경에 적합한 물질을 사용하여야 한다. 이는 오염대의 오염물질과 반응시 오염농도를 증가시키는 반응을 보이거나 부산물을 생성하며 또한 반응물질 자체가 2차 오염을 유발할 우려가 있기 때문이다. 반응이 지속적으로 일어나면 반응물질은 초기 성질에서 변화를 일으키고 더 이상 예측한 반응을 이루지 못하므로 결국 교환해 주어야 한다. 이 시점을 피로점(exhausting point)이라 한다. 또한 피로점에 이르게 되면서 지하수의 흐름속도를 낮추거나 미세입자 등의 부유물을 만들어 반응지역(reactive zone)의 간극 폐색(pore clogging)이 발생하여 투수율을 불균일하게 만드는 성질이 있다. 따라서 반응물질의 선정에 있어서 이러한 성질을 최소화할 수 있는 물질을 선택해야 하며 반응물질의 선정 시 다음과 같은 항목들을 고려하여야 한다.

- 반응성 및 내구성
- 상용성과 가격
- 수리학적 특성
- 환경적 무해성
- 시공방법

- **각 오염물질별 반응기작**

반응벽체에 적용 가능한 반응물질은 각각의 오염물질의 특성과 제거기작에 따라 달라질 수 있으며, 표 5.2.6.1과 표 5.2.6.2는 유·무기 오염물질의 분류 및 각 성분에 적용 가능한 반응물질을 나타낸 표이다.

〈표 5.2.6.1〉 지하수내 유기오염물질을 처리하기 위한 PRB내 반응물질

반응물질	제거기작	제거 오염물질
Zero-valent iron	Chemical reduction	Chlorinated aliphatics, DDT, DDD, DDE, nitroaromatics, some pesticides, azo dyes
Bimetallic iron	Chemical reduction	Chlorinated aliphatics, PCB's
Magnesium, tin and zinc	Chemical reduction	Chlorinated aliphatics
Iron minerals (oxides, hydroxides, and sulfides)	Chemical reduction	Nitroaromatics, chlorinated aliphatics
Oxygen-releasing compounds Nitrate-releasing compounds	Microbial degradation	BTEX
Resting-state microorganisms	Microbial cometabolism	Chlorinated aliphatics
Surfactant-modified soils	Sorption	Nonpolar organics
Surfactant-modified clays	Sorption	Nonpolar organics
Surfactant-modified zeolite	Sorption	Nonpolar organics
Coal, powdered activated carbon, peat, sawdust	Sorption	Benzene
ZAC-44	Sorption	BTEX

〈표 5.2.6.2〉 무기오염물질을 처리하기 위한 PRB내 반응물질

반응물질	제거기작	제거 오염물질
Ferric oxyhydroxide	Sorption	Uranium, molybdenum, chromium
Peat moss	Sorption	Chromium, copper, zinc, nickel, cadmuim, uranium, molybdenum
Modified zeolites	Sorption	Lead, chromium, selenium, sulfate, cadmium
Chitosan	Sorption	Mercury, uranium, cadmium, lead, vanadium, nickel, molybdenm, titanium
Spodic material	Sorption	Arsenic
Sawdust, lignite, coal	Sorption	Molybdenm, uranium
Titanium oxide	Sorption	Molybdenm, uranium
Ferric chloride (with $CaCO_3$)	Sorption	Uranium
Ferric nitrate Ferric sulfate	Sorption	Molybdenm
ZAC-44	Sorption	Zn, Cd
Hydroxyapatite Natural apatite	Precipitation	Lead
Ferrous sulfate Calcium chloride Barium chloride	Precipitation	Molybdenm, uranium
Hydrated lime Fly ash	Precipitation	Uranium
Limestone	Precipitation	Acid mine drainage
Zero-valent iron	Chemical reduction	Chromium, uranium, technetium, nitrate, nitrite, molybdenm, silver, sulfate, mercury
Iron minerals	Chemical reduction	Nitrate, chromate
Zero-valent iron	Lower redox potential and metal precipitation	Acid mine drainage
Organic material	Microbial sulfate reduction and precipitation	Acid mine drainage
Organic material	Microbial nitrate reduction	Nitrate

미국 내 PRB를 이용하여 지하수를 정화한 사례는 오염물질별로 볼 때 halogenated aliphatics(54%), heavy metal(30%), 그리고 radionuclides(12%) 등의 오염물질 순으로 존재하고 있다. 그중에서도 가장 빈번하게 나타나는 유기오염물질은 trichloroethylene (TCE), tetrachloroethylene(PCE), 그리고 carbon tetrachloride이다. 표 5.6.2.1과 5.6.2.2에 유기·무기 오염물질의 처리에 이용되는 반응물질이 나타나 있다. 이러한 반응물질은 두 가지 주요한 과정을 통해 오염물질들을 제거한다.

(1) Transformation(변환) : 오염물질을 덜 유해한 성분으로 변환함
(2) Immobilization(고정화) : 벽체 내에 오염물질을 고정함

벽체 내에 오염물질을 고정하는 것은 반응물질에 흡착되는 것과 용해상태에서 침전되는 것에 의해 발생한다. 흡착은 오염물질이 hydrophobic 작용에 의하거나 정전기적 인력에 의해 표면에 부착되는 비생물적인 반응이다. 유기성분, 특히 비극성 유기성분의 가장 일반적인 기작은 소수성에 의한 흡착이다. 반면 금속의 경우에는 정전기적 인력이나 표면복합반응을 통해 흡수되는 경향이 있다. 또한 금속은 pH를 증가시킴으로써 용해도를 조절할 수 있고 고정화가 가능하다. 흡착과 침전 모두 일반적으로 가역이 가능하므로 지하수 내 오염물질의 안정적인 제거를 위해서는 반응물질과 축적된 침전물들의 제거가 요구된다.

이에 반해, 비가역적인 반응을 통해 오염물질을 덜 유해한 성분으로 변환하는 것은 반응물질의 제거과정이 불필요하다. 반응벽체 내에서의 변환은 일반적으로 비가역적인 산화환원 반응이 대부분을 차지하고 있다. 반응물질은 환원과정을 위해 직접적으로 전자를 공급하거나 추가적인 전자수용체를 공급함에 의해 간접적으로 전자를 이동할 매개체로 미생물을 활성화하기도 한다.

5.2.6.4. 적용 한계

- 반응능력이 소진될 경우 반응 매질체의 치환이 요구된다.
- 반응 침전물에 의한 투수능의 감소
- 벽체의 넓이와 깊이
- 처리 매질체의 비용
- 생물학적 반응이나 화학적 침전물에 의한 반응벽체의 투수성 제한 가능성

5.2.7. 입상활성탄

5.2.7.1. 개요

활성탄을 함유하고 있는 여러 개의 컬럼을 통하여 자하수가 양수될 때 용존 유기 오염물질이 흡착에 의하여 제거된다. 탄소가 포화되면 정기적으로 컬럼내 탄소를 교체하거나 재생해야 한다(그림 5.2.7).

유동상으로부터의 오염물질 농도가 일정치를 초과하게 되면 탄소를 즉시에 현장에서 재생하거나, 일단 컬럼에서 제거한 후 타위치 처리시설에서 재생하거나, 제거 및 처분하게 된다. 폭발물이나 금속류를 포함하고 있는 지하수처리에 사용된 탄소의 경우 재생 불가능하며 곧바로 처분하여야 한다. 활성탄 흡착에 의한 제거법은 도시·산업·유해 폐수를 처리하는 데 오랫동안 사용되어 왔다.

활성탄 흡착을 사용하는 대표적 두 가지 반응조 형태는 고정상과 이동상이다. 고정상은 액상의 오염물질을 흡착할 때 사용하는 대표적인 방법이다. 폐수내의 고형물질 제거를 위한 전처리가 주요한 설계기준이 되며 액상으로부터 이들을 제거치 않아 컬럼에 쌓이게 되면 수압부하의 원인이 된다. 부하가 너무 큰 경우 반향수류(역류)에 의하여 누적 고형물을 제거하여야 한다. 고형물질 제거는 때때로 탄소의 손실과 오염물질 전달층의 파괴를 야기할 수도 있다. 실리콘을 함유한 탄소와 같은 GAC 변위체는 제거효율과 수명을 증가시킬 수 있다. 이 기법은 단기간에 속한다.

5.2.7.2. 적용 분야

목표 오염물질은 탄화수소계 화합물, SVOC, 폭발물 등이다. 할로겐족 VOC와 살충제도 제한적으로 적용 가능하다. 액상 탄소흡착은 낮은 농도(10ppm 이하)일 경우 어떤 유량도 사용 가능하며, 이보다 높은 농도일 경우 비교적 낮은 유량(2-4l/min)을 사용하여야 한다. 탄소 흡착은 다른 복원 기법으로부터 배출되는 정화수를 수질 규제 기준을 충족하기 위하여 더욱 정제할 때 특히 효과적이다.

|그림 5.2.7| 입상활성탄에 의한 수처리 기법

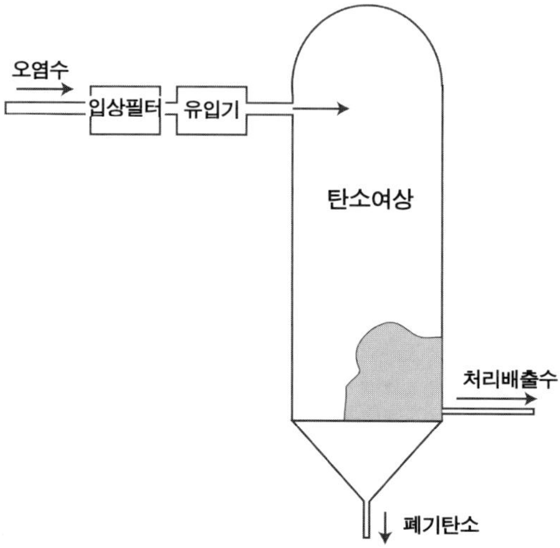

5.2.7.3. 적용 한계

- 복합 오염물질인 경우 단일 성분 흡착 등온결과를 적용할 수 없으므로 탄소 사용량을 추정하기 위하여 벤치 시험을 수행하여야 한다.
- 고형부유물질이나 오일이 많이 함유된 폐수는 탄소를 손상하므로 전처리가 요구된다.
- 고농도의 폐수를 처리할 경우 비용이 많이 든다.
- 탄소의 형태, 공극의 크기, 질 그리고 운전 온도 등이 처리 성능에 영향을 주므로 전문가의 도움을 필요로 한다.
- 폭발물이나 금속류로 오염된 지하수의 처리에 사용된 탄소는 재생 불가능하다.
- 수용성이 강한 화합물은 효율성이 낮다.
- 사용된 탄소는 적절히 처분되어야 한다.

5.3. 생물학적 방법

5.3.1. 생물 통기법(bioventing)

5.3.1.1. 개요

이 기법은 기존의 토양 미생물에게 산소를 공급해 줌으로써 오염 토양내 화합물의 생물학적 분해를 촉진하는 새로운 기술이다(그림 5.3.1). 토양증기 추출법과는 달리 미생물 활동을 부양하기에 충분한 양만큼의 산소를 공급하면 되므로 사용되는 공기의 유량이 낮다. 대부분의 경우 오염 토양내 공기를 직접 주입함으로써 산소가 공급된다. 토양 흡착 오염물질뿐만 아니라 휘발성 오염물질도 토양내 기체상태로 이동할 때 분해된다.

|그림 5.3.1| 생물 통기법에 의한 오염토양 처리 기법

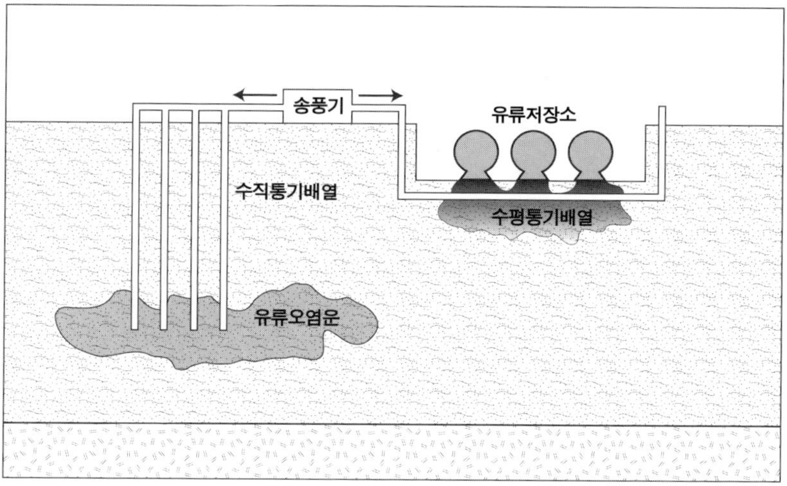

5.3.1.2. 적용 분야

이 기법은 석유계 탄화수소 화합물, 비 염소계 용매, 살충제, 목재용 방부제로 오염된 토양 복원에 성공적으로 사용된다.

5.3.1.3. 적용 한계

- 수 미터내에 지하수면이 존재하거나 토양의 투수성이 낮을 경우 효율성이 떨어진다.
- 공기 주입정 영향 반경내에 지하실이 있는 경우 공기가 갇히게 된다.
- 토양 수분함량이 낮을 경우 생분해를 제한한다.
- 토양 표면에 발생 가스에 대한 모니터링이 요구된다.
- 코메타볼라이트가 존재하지 않는 한 유기염소계 화합물의 생분해는 효율성이 낮다.
- 온도가 낮을 경우 복원이 지연될 수 있다.

5.3.2. 토양경작법(land farming)

5.3.2.1. 개요

오염된 토양, 퇴적물, 슬러지 등을 굴착하여 차수재가 설치된 평지(lined beds)에 배포한 후 정기적으로 반전하거나 통기시키기 위하여 경작한다(그림 5.3.2).

토양경작법은 현장규모의 생물학적 복원기법이며, 오염물질의 용탈을 방지하기 위하여 통상적으로 차수재나 다른 방법들을 사용하며, 오염된 토양, 퇴적물, 슬러지 등을 굴착하여 차수재위에 살포한다.

오염물질의 분해율을 최적화하기 위하여 종종 다음과 같은 토양조건을 조절하게 된다.

- 수분함량(보통 관개 혹은 살포기)
- 통기(일정 주기로 토양 경작, 즉 혼합과 통기에 의해서)
- pH
- 기타 개량제

오염매체는 보통 약 40cm 두께의 층으로 처리되며, 한 지층이 기준치에 부합되게 처리되면 그 지층은 제거되고 또 다른 지층이 설치된다. 좀 더 바람직한 방법은 처리된 지층의 상부만을 제거한 후 새로운 오염매체를 투입하여 기존 처리층 물질과 혼합하여 새로운 지층을 만드는 것이며, 이러한 방법은 새로운 오염매체에 기존의 활성 미생물을 접종하여 처리시간을 저감하는 것이다.

토양경작법은 중-장기 공법이다.

|그림 5.3.2| 토양경작법에 의한 오염토양 정화 기술

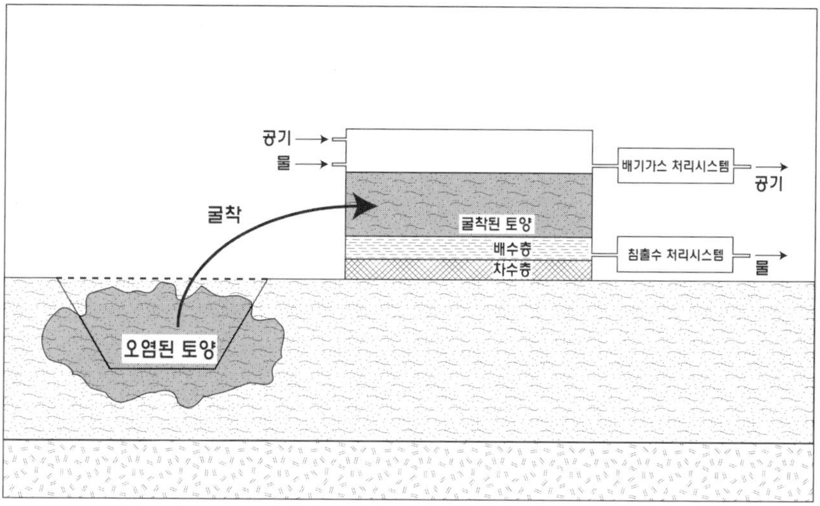

5.3.2.2. 적용 분야

석유계 탄화수소를 처리함에 있어 타위치(ex situ)에서의 토양경작법이 가장 성공적인 바 있다. 가솔린과 같은 휘발성이 비교적 큰 탄화수소계 화합물은 이 기법에 적합하나, 분자가가 큰(무거운) 탄화수소계 화합물(TCE)은 이 기법에 적합하지 않다. 대체적으로 분자가가 클수록 분해율이 떨어지고, 염화나 질화가 많이 될수록 분해하기가 힘들게 된다. 이 기법을 이용해 성공적으로 처리한 오염물질은 디젤 연료중 No. 2와 No. 6 연료 오일이며, JP-5 PCP, 오일 슬럿지, 목재 방부재 폐기물(PCP, creosote) 등이다.

5.3.2.3. 적용 한계

- 큰 공간이 필요함
- 오염물질의 생분해에 영향을 미치는 외적 조건 중 온도와 강우 등은 조절하기가 어려우며, 복원기간을 연장할 수 있다.
- 무기물질은 적용대상에서 제외

- 용제와 같은 휘발성 물질은 대기방출로 인하여 대기오염을 야기하므로 사전 처리가 요함
- 경작시 비산 먼지의 발생 우려
- 유출수 수거 시설의 설치 및 모니터링
- 지형, 침식, 기후, 토양층, 토양의 투수계수 등이 우선 평가되어야 한다.
- 폐기물(특히 석유 슬럿지) 성분이 "토지규제"(Land-ban)에 저촉되어 토양에 살포할 수 없을 경우도 있다.

5.3.3. 생물 증기추출법(bioslurping)

5.3.3.1. 개요

Bioslurping은 bioventing과 진공흡입에 의한 LNAPL물질(free product)의 회수법의 혼합이다. Bioventing은 탄화수소로 오염된 토양의 호기성 생물학적 복원을 증강하고 진공흡입법은 지하수면이나 모세관대의 LNAPL을 추출한다.

이 기법은 탄화수소로 오염된 부지를 복원하기 위하여 진공탈수법을 적용하는 것이며, 두 개의 분리된 오염매체를 처리하기 위하여 bioventing과 자유상회수기법 둘 다 사용한다. 즉 자유상 물질을 회수하고 동시에 불포화대 토양을 생물학적 기법으로 복원하는 것이다. Bioslurping은 지하수를 대량으로 채취하지 않고도 자유상회수효율을 향상할 수 있다. 진공펌프는 LNAPL을 지하수면위로 들어올려 모세관대로부터 배출함으로써 지하수위변화를 최소화하고 smear zone을 최소한으로 줄일 수 있다. 불포화대 토양의 bioventing(생물 통기법)은 회수정으로부터 토양가스를 제거함으로써 토양내에 유입되는 외부공기에 의해서 이루어진다. 이 시스템은 지하수와 토양가스의 외부 환경으로의 방출을 최소화하도록 설계된다. 자유상 물질 제거 작업이 완료되면 bioslurping 시스템은 bioventing 시스템으로 전환되어 복원작업을 마무리하게 된다. 공정기간은 부지특성에 따라 수개월에서 수년이 요구된다.

5.3.3.2. 적용 분야

석유계 탄화수소 화합물로 오염된 토양을 복원하는 데 성공적으로 사용된 바 있다. 원위치 복원기법으로 경제적이며 LNAPL제거와 불포화층의 토양복원을 동시에 수행할 수 있으며, 지하수면이 비교적 깊은 10m 이상 부지에 적용할 수 있다.

5.3.3.3. 적용 한계

- ► 투기성이 낮은 토양에는 비효율적이다.
- ► 초기 토양 수분함량이 낮을 경우, 외부로부터 계속되는 공기유입으로 토양이 쉽게 건조될 수가 있고 이는 생분해와 bioventing의 효율성을 제한할 수가 있다.
- ► Co-metabolite가 존재하지 않는 한 유기염소계 화합물의 생분해는 효율적이지 않다.
- ► 낮은 온도는 복원을 지연할 수가 있다.
- ► 발생가스는 배출전 처리가 요구된다.
- ► 부지에 따라 대량의 지하수를 추출할 수가 있고 방류전 처리가 요구된다.
- ► 연료, 물, 공기가 지하로부터 동시에 제거되므로 혼합상이 발생되고 기름과 물의 분리 및 배출수 처리가 요구된다.

5.3.4. 생물반응조(bioreactors)

5.3.4.1. 개요

추출 지하수내에 있는 오염물질을 부착식 혹은 부유식 생물 반응조에 있는 미생물과 접촉하게 한다(그림 5.3.3). 활성 슬러지와 같은 부유식 시스템에서는 폭기조에서 오염지하수가 순환된다. 회전접촉법과 같은 부착식 방법에서는 미생물이 지지 매질체에 고정된다.

반응조는 폐수내에 있는 오염물질을 **부착식** 혹은 **부유식** 시스템으로 미생물을 이용하여 분해한다. 활성 슬러지나, 유동상, 연속 배치 반응조와 같은 부유식 시스템에서는 오염지하수가 폭기조에서 순환되며, 미생물은 호기성 상태에서 유기물질을 분해하고 이산화탄소와 물을 발생시키고 새로운 세포도 합성한다. 세포는 슬러지를 형성하고 침전조에서 침전시킨 후 폭기조로 재순환되거나 폐기된다. 상향류식 고정필름 반응조, 회전접촉법, trickling filter와 같은 부착식 시스템에서는 미생물은 지지 매질체에 고정되어 오염물질을 분해한다. 이 기법 중 지지 매질체를 보다 적극적인 매질체 즉 활성탄과 같이 오염물질을 흡착한 후 미생물에게 천천히 방출하여 분해하는 기법이 전도유망한 기법이 될 것이다.

반응조는 장기 기술이며 수년이 걸릴 수도 있다.

5.3.4.2. 적용 분야

반응조는 SVOC나 연료 탄화수소 화합물, 유기물질을 처리하기 위하여 사용된다. 몇몇 살충제에 대해서는 효율이 낮다. PCP와 클로로벤젠과 같은 몇몇 할로겐족 화합물에 대하여 파일럿 규모의 현장 연구가 수행된 바 있다. 추출 지하수 내에 있는 PCB, 할로겐족 VOC, SVOC를 처리하기 위하여 코메타볼라이트와 함께 사용된다.

|그림 5.3.3| 생물 반응조를 이용한 생물학적 처리기법

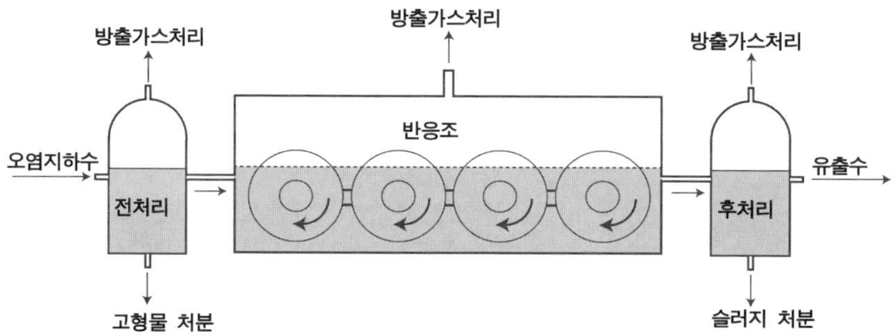

5.3.4.3. 적용 한계

- 지하수의 오염물질 농도가 낮으므로 적정 미생물 농도를 유지하기 위하여 영양물질이 요구된다.
- 오염물질 농도가 아주 높을 경우 미생물에게 독성을 줄 수 있으므로 주의가 요구된다.
- 활성 슬럿지로부터 휘발이 있는 경우 대기 오염장치가 요구된다.
- 온도가 낮을 경우 생분해율을 현격히 감소하여 복원시간이 오래 걸릴 수 있다.
- 바람직하지 못한 미생물의 활동으로 효율이 감소될 수도 있다.
- 슬러지 잔존물의 처리 혹은 처분이 요구된다.
- 처리수의 방류를 위해서는 여전히 추가적인 조절이 요구된다.

5.3.5. 슬러리상 생물학적 처리

5.3.5.1. 개요

액상 슬러리는 토양, 퇴적물, 슬러지에 물 그리고 다른 첨가제를 혼합하여 형성된다. 슬러리는 고형물이 부유되고 미생물이 토양 오염물질과 접촉하도록 혼합된다. 처리완료 후 수용액은 배수시키고 처리된 토양은 처분된다(그림 5.3.4).

이 기법은 반응조내에서 굴착 토양을 적절하게 처리하는 기술이다. 굴착 토양은 처음 암석과 미세 파편으로 분류하는 물리적 공정을 거친다. 그런 뒤 오염물질의 농도, 생분해율, 토양의 물리적 성질에 따라 토양은 적정농도로 희석된다. 어떤 공정에서는 오염물질을 농축하기 위해 토양을 예비 세척하여 맑은 모래를 제거함으로써 미세입자와 세척수만을 남겨 처리하기도 한다. 일반적으로 슬러리는 무게비 10－30%의 고형물을 함유하고 있다.

고형물은 반응조내에서 부유 상태로 유지되며, 영양분과 산소와 혼합된다. 필요시 산이나 알칼리를 첨가하여 pH를 조절한다. 적정 미생물농도가 유지되지 않을 경우 미생물이 첨가되기도 한다. 생분해가 완료된 후 토양 슬러리는 배수된다. 배수기로는 청정기, 압력 필터, 진공 필터, 모래 건조상, 원심분리기 등이 있다. 이 기법은 단-중기 기술로 분류된다.

5.3.5.2. 적용 분야

- 생물 반응조 기법은 불균질 토양, 난투수성 토양, 지하수맥을 분간하기 어려운 지역에서, 빠른 복구가 요구될 때, 원위치 생물학적 기법보다 선호도가 높다.
- 슬러지상 반응조는 굴착 토양이나 준설 퇴적물내에 있는 비할로겐화 SVOC 혹은 VOC를 처리하는 데 주로 사용된다. 화약물질도 처리된다.
- 코메타볼라이트와 적응 미생물 모두를 가지고 있을 경우 이 기법은 할로겐화 VOC, SVOC, 살충제 그리고 PCB에 적용할 수 있다.
- PCB, 할로겐 SVOC, 살충제, 화약물질을 처리할 경우 혐기성/호기성 슬러리상 반응조를 순차적으로 사용할 수 있다.

|그림 5.3.4| 슬러리상 생물학적 처리기법

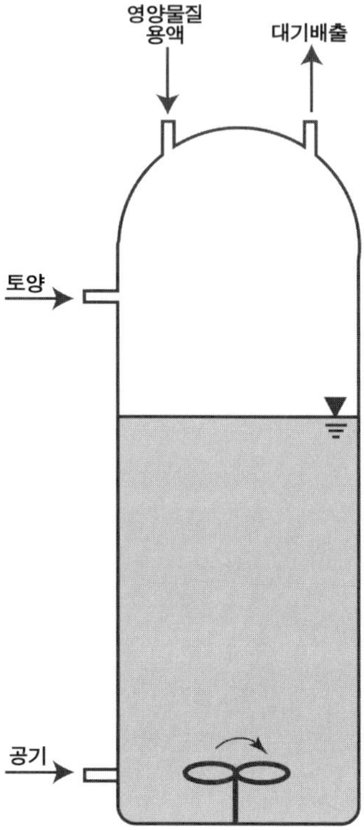

5.3.5.3. 적용 한계

- 소택지 시공 외에도 오염매체의 굴착이 요구된다.
- 반응조 투입전 오염물질의 크기 선별이 어려우며, 비용이 든다.
- 처리 후 미세 토양입자를 배수시키는 것이 비경제적이다.
- 오염폐수의 처분이 문제점이다.

5.3.6. 생물촉진법-토양(biostimulation-soil)

5.3.6.1. 개요

이 기법은 토착 혹은 접종 미생물(fungi, bacteria)이 토양내에 있는 유기오염물질을 분해하여 무해한 최종산물로 전환하는 기술이다(그림 5.3.5). 영양물질,

산소, 기타 개량제가 사용되기도 한다.

- **호기성**

충분한 산소가 존재하는 경우(호기성 조건), 다른 영양원소를 이용하여 미생물은 유기 오염물질을 궁극적으로 이산화탄소와 물로 분해하고 미생물세포를 증가시킨다. 전형적인 증진법은 지하수나 정상수에 영양물질과 용존산소를 포화시켜 토양내에 주입하게 된다. 때때로 적응 미생물(생물 증대법)이나 과산화수소와 같은 산소원이 첨가되기도 한다. 오염토양층이 얕을 경우 침투갱도나 살포식 관개가 사용되고, 깊은 토양의 경우 주입정이 사용된다. 온도가 낮은 지역에서는 복원이 지연될 수도 있다. 이런 지역에서는 열 시스템을 사용하여 토양온도를 증가시킬 수 있다.

- **혐기성**

산소가 없는 경우(혐기성 조건), 유기 오염물질은 궁극적으로 메탄으로 분해되고 약간의 이산화탄소와 황화수소가 발생된다. 환원조건에서는 황산염과 질산염은 황과 질소가스로 각각 전환된다. 종종 오염물질은 중간산물이나 최종산물로 분해되어 본래의 물질보다 덜 혹은 더 유해할 수도 있다. 예를 들면, TCE는 혐기성 상태에서 분해되어 독성이 더욱 강한 비닐 클로라이드가 된다. 이러한 문제를 모면하기 위하여 대부분의 생물학적 복원기법은 원위치에서 수행된다. 만약 호기성 조건이 생성된다면 비닐 클로라이드는 더욱 분해될 것이다.

5.3.6.2. 적용 분야

이 기법은 석유계 탄화수소, 용매, 살충제, 목재용 방부재로 오염된 토양, 슬러지, 지하수를 복원하는 데 성공적으로 사용되었으며, 파일럿 규모의 연구를 통하여 화약 폐기물로 오염된 토양에서의 니트로톨루엔의 혐기적 생분해의 효용성이 입증된 바 있다. 가장 빈번히 처리된 오염물질 그룹은 PAH, 비할로겐족 SVOC, BTEX 등이다.

|그림 5.3.5| 토양에서의 생물촉진법

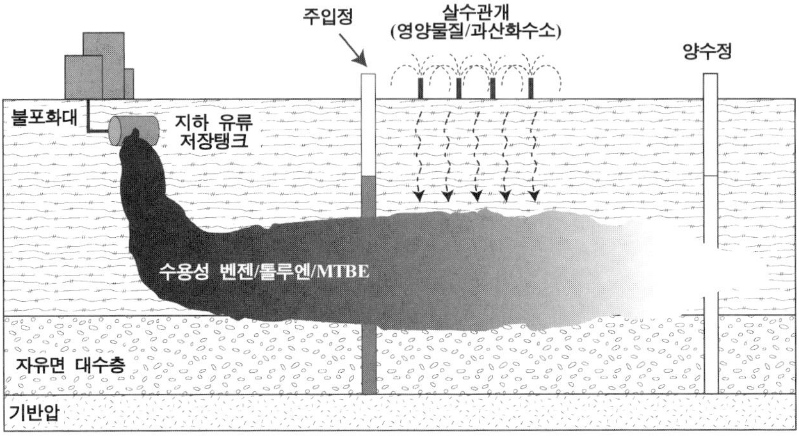

5.3.6.3. 적용 한계

- 토양의 구조가 오염물질과 미생물과의 접촉을 방해하는 경우 목표달성이 어렵다.
- 토양에 용액을 순환시키는 경우 하부 지하수 처리가 필요하다.
- 미생물의 선택적 군집이 일어날 경우 주입정의 막힘 현상이 발생된다.
- 선택적 흐름 통로는 주입유체와 오염물질과의 접촉을 감소한다.
- 낮은 온도의 영향
- 과산화수소의 농도가 100－200ppm을 초과하는 경우 미생물 활동을 방해한다.

5.3.7. 생물촉진법-지하수(biostimulation-groundwater)

5.3.7.1. 개요

유기 오염물의 생분해율은 지하수내에서의 전자수용체와 영양물질을 증가시킴으로서 상승될 수 있다. 호기성 생분해의 경우 산소가 혐기성인 경우 질산염(nitrate)이 전자 수용체로 사용된다(그림 5.3.6).

생물촉진법은 토착이나 접종 미생물(세균, 박테리아)이 토양이나 지하수내에 있는 유기 오염물질을 분해하는 데 필요한 영양분이나 전자수용를 제공함으로써 자연적 생분해 기작을 가속화하는 기법이다. 오염 지하수대에 과산화수소를 순환시키거나 지하수면 아래에 공기를 살포함으로써 산소상승을 유도한다. 혐기성 상태에서는 오염대에 질산염을 순환시키기도 한다.

- ***Oxygen enhancement with air sparging***

지하수면 아래에서의 공기 주입은 지하수의 산소농도를 증가시키고, 토착 미생물에 의한 오염물질의 생물학적 분해율을 향상한다. 작은 구경의 공기주입 우물은 설치가 용이하고 비용이 적게 들므로 복원시스템의 설계나 시공에 유연성을 더해 준다. 공기 주입에 의한 산소 증가법은 휘발성 화합물의 제거를 증가시키기 위해서 SVE나 bioventing기법과 병행하여 사용된다.

- ***Oxygen enhancement with hydrogen peroxide***

오염지하수대에 지하수의 산소농도를 증가시키고, 토착 미생물에 의한 오염물질의 생물학적 분해율을 향상하기 위하여 과산화수소 희석 용액을 순환시킨다.

- ***Nitrate enhancement***

생물학적 활동을 위한 전자 수용체를 제공하고 오염 지하수대에 유기오염물질의 분해율을 향상하기 위하여 액성 질산염을 순환시킨다. 질산염 상승법은 아직 파일럿 규모에 있다. 이 기술은 질산염을 첨가함으로써 혐기성 분해를 상승시키는 것이다. 연료 물질은 호기성 조건에서 급속히 분해되지만 오염지대에 충분한 산소를 제공할 수 없는 제한성 때문에(호기성 미생물에 의해 산소가 고갈되기 때문에) 분해가 어렵다. 질산염은 전자 수용체 역할을 하며 산소보다 물에 잘 녹기 때문에 지하대수층에 가할 경우 톨루엔 에틸벤젠, 자일렌과 같은 오염물질의 혐기성 생분해를 초래한다. 연료물질 중 벤젠은 완전한 혐기적 상태에서 생분해가 느리게 발생된다고 알려져 있다. 따라서 저산소(microaerophilic) 조건에서는 산소와 질산염의 혼합 시스템이 더 효과적일 것이다.

|그림 5.3.6| 지하수시스템에서의 생물촉진법

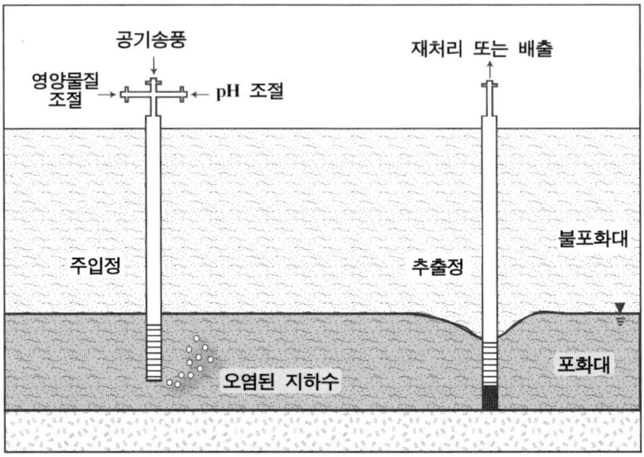

5.3.7.2. 적용 분야

목표 오염물질은 비활로겐 VOC, SVOC, 그리고 연료물질이다. 살충제는 처리가 제한적이다. 질산염 상승법은 BTEX로 오염된 지하수를 복원하기 위하여 사용된다.

5.3.7.3. 적용 한계

- 불균질 지하매체에서는 오염지대 구석구석까지 질산염용액이나 과산화수소 용액을 순환시키기가 매우 어렵다.
- 과산화수소를 취급할 때는 안전이 요구된다.
- 과산화수소 농도가 100ppm 이상일 때는 미생물에게 장애가 된다.
- 미생물 효소나 지하 매질체에 포함된 높은 철이온 농도는 과산화수소의 농도를 급격히 감소할 수 있다.
- 오염물질이 생분해 구역으로부터 벗어나지 않도록 하기 위하여 지하수 순환 시스템이 요구된다.
- 음용수 기준에 규제를 받는 질산염의 지하수대 주입이 문제시 된다.
- 탄소 흡착과 같은 지상처리 시스템이 요구된다.

5.3.8. 생물증대법(bioaugmentation)

5.3.8.1. 개요

생물증대법(Pritchard, 1992; Rittmann and Whiteman, 1994; Van Limbergen et al., 1998)은 종종 생물촉진법(Vogel, 1996)과 비교되기도 한다. 생물증대법은 적용방법이나 그 개념에 따라 여러 가지로 분류된다. 첫 번째 방법은 목표지점으로부터 미생물을 분리, 배양하여 다시 환원(재접종)하는 것이다. 이 경우 미생물 개체수를 증대하여 목표지점에 토착화하는 것이며 이 과정에서 돌연변이나 현장 환경에의 적응도 가능하다. 또 다른 방법은 앞의 것과 유사하나 목표지점에 접종할 미생물이 원래의 토착 미생물이 아니라는 점이다. 이 경우 접종 미생물은 유사 혹은 완전히 이질적인 것일 수도 있다. 이 두 방법이 자연적인 생물증대법으로 간주된다. 세 번째 방법은 새로이 구성 혹은 조작되거나 인위적으로 변형된 미생물을 주입하는 것이다. 이러한 미생물은 특정화합물의 분해(공동대사 포함)를 목표로 한다. 마지막으로 네 번째 방법은 토착 미생물군에 적절한 유전물질을 분산하기 위해 예를 들면 플라즈미드나 바이러스와 같이 완전히 다른 형태의 유전물질을 가하는 것이다. 생물증대법은 오염물질의 농도가 토착미생물에게 독성을 보이거나 화학물질 유출로 인하여 오염현장의 환경이 토착 미생물에게 장애요인으로 작용할 때 적절히 사용될 수 있다.

5.3.8.2. 적용 방법

생물증대법의 성공여부는 주입된 미생물 종의 생존여부와 직결된다. 미생물의 생존에 영향을 주는 요인에는 영양물질·수분·환경의 물리화학적 특성, 포식, 기생, 다른 토착 미생물과의 생존 경쟁 등이 포함된다. 생물증대법의 주요한 목적 중의 하나는 주입된 미생물의 생존을 극대화하는 것이다. 이토, 미네랄오일, 점토, 목재부스러기 등과 같은 미생물 세포 운송매체를 사용해 환경에 주입하면 생존시간을 증가시킬 수 있다. 또 다른 방법은 미생물을 캡슐화하는 방법이다. 미생물 생존과 관련된 또 하나의 관심사는 토양내 주입된 미생물의 분포와 그들의 운송이다. 미생물의 운송능을 향상하기 위하여 낮은 이온강도를 가진 용액과 계면활성제의 사용에 관한 연구가 수행된 바 있다(Li and Logan, 1999; Choi et al., 2007b).

5.3.8.3. 적용 한계

- 독성 화학물질에 대한 미생물의 취약성
- 실험실에서 배양한 미생물의 현장에서의 분해능 약화
- 주입 미생물의 효율성에 영향을 주는 물리화학적 인자에 대한 이해의 요구
- 현장 토양/지하수 매질체별 미생물 흡착특성 파악이 요구됨
- 미생물 주입농도의 범위가 매질체별로 다양할 수 있다는 점

5.3.9. 공동대사(cometabolic processes)

5.3.9.1. 개요

최근 각광을 받고 있는 기법으로 목표 유기오염물질의 코메타볼릭 분해를 지지하기 위하여 오염지하수층에 주요 기질(톨루엔, 메탄) 희석 용액을 주입하는 방법이다(그림 5.3.7).

코메타볼리즘이란 보조기질 변환의 한 형태로서 주기질 산화작용 시 발생된 효소가 보조기질을 우연히 분해할 수 있는 역할을 하며 이 경우 보조기질의 분해는 미생물 증식과 아무 관계가 없다. 최근 새로이 주목받고 있는 기법으로 목표 유기오염물질의 코메타볼릭 분해를 지지하기 위하여 오염지하수층에 주요 기질(톨루엔, 메탄) 희석 용액을 주입하는 방법이다. 메탄이나 메탄올을 주입함으로써 메타노트로픽 활성을 지지하고 이는 비닐 클로라이드나 TCE와 같은 염소계 용매를 분해하는 데 효과적이라는 것이 입증되었다.

|그림 5.3.7| 코메타볼리즘에 의한 오염지하수 복원 기법

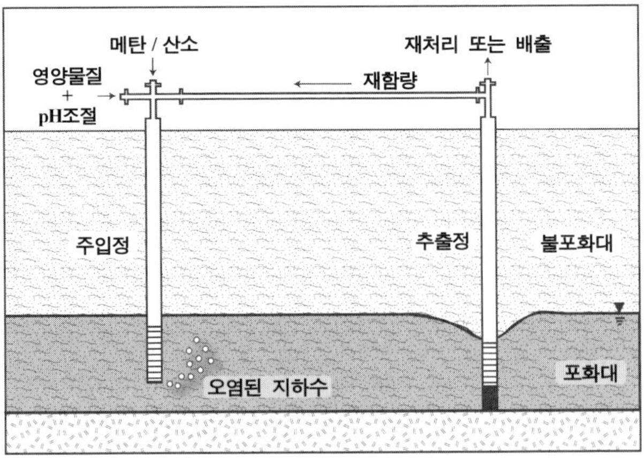

5.3.9.2. 적용 분야

목표 오염물질은 염소계 용매이다. 살충제나 PCB와 같은 화합물도 대상 오염물질에 포함하기 위하여 연구 중이다.

5.3.9.3. 적용 한계

- 개발 중인 기법이다.
- 특정 코메타볼라이트에 대해서는 사용승인이 요구된다.
- 불균질 지하매체에서는 오염지대 구석구석까지 메탄용액을 순환시키기가 매우 어렵다.
- 메탄을 취급할 때 안전을 요한다.
- 지하수에 재투입하기 전에 지상에서 탄소흡착과 같은 처리가 요구된다.
- 구리의 농도가 높을 경우 메탄을 이용한 기법에 영향을 준다.

5.3.10. 식물정화 기법(phytoremediation)

5.3.10.1. 개요

토양이나 지하수에 있는 유기/무기 오염물질을 제거, 이동, 안정화 혹은 파괴하기 위하여 식물을 사용하는 일련의 작용이다.

식물이 사용될 수 있는 여러 가지 방법들이 있으며, 여기에는 근균역(뿌리) 생분해, 수리 제어, 식물분해, 식물휘발 등이 있다.

- ***Enhanced rhizosphere biodegradation***

  이 기법은 식물 뿌리 주위의 토양에서 일어나는 생분해 기작을 이용하는 기술이다. 식물 뿌리에서 배출된 자연 영양분이 미생물에게 공급되어 유기 오염물질에 대한 생분해능을 향상시킨다. 식물 뿌리는 토양을 이완시키고 죽은 후 물이나 공기의 통로가 된다. 이 기법에서는 토양수분을 지표층으로 끌어올려 포화층을 건조할 수가 있다.

- ***Hydraulic control***

  나무의 종류, 기후, 계절에 따라서 나무는 뿌리를 지하수면 하부로 뻗쳐 많은 양의 물을 얻을 수 있도록 조밀한 뿌리를 가지므로 유기 펌프로 간주된다.

• ***Phyto-degradation***

식물분해는 식물 조직 내에서 발생하는 오염물질의 물질대사이다. 식물은 디할로게나제나 옥시제나제와 같은 효소를 만들어 분해를 촉진한다. 방향족 그리고 염소계 지방질 화합물이 식물분해에 적용가능한지를 연구 중에 있다.

• ***Phyto-volatilization***

식물 증발법은 식물이 유기오염물질을 함유하고 있는 토양수분을 흡수하여 엽면을 통하여 오염물질을 대기 중으로 방출할 때 일어난다. 식물은 유기오염물질을 분해할 수 있을 뿐만 아니라 분해산물을 대기 밖으로 배출하기도 한다.

5.3.10.2. 적용 분야

지표수, 지하수, 침출수 그리고 각종 도시 및 산업 폐수를 정화하는 데 사용된다.

5.3.10.3. 적용 한계

- 얕은 토양이나 지하수에 제한된다.
- 높은 농도의 유해물질은 식물에 독성이 있다.
- 기후나 계절적 조건이 식물성장에 영향을 초래하고 복원 효율을 더디게 할 수 있다.
- 토양으로부터 대기로 오염물질이 전달될 수도 있다.
- 강하게 흡착된 오염물질에 대하여 효율이 낮다.
- 대규모 면적의 토지가 요구된다.
- 생분해 부산물의 독성이나 생이용성이 알려져 있지 않다.

5.3.11. 자연저감(natural attenuation)

5.3.11.1. 개요

오염물질의 농도를 적정 수준으로 낮추기 위하여 희석, 휘발, 생분해, 흡착, 지하 매질체와의 화학적 반응과 같은 자연적 작용을 이용하는 것이다(그림 5.3.8).

자연저감은 본질적으로 기술이 아니다. 유해 폐기물 부지에의 사용에 대하여 전문가들 사이에 심각한 논쟁이 있다. 이러한 점으로 인하여 오염운이 확장/이동 중에 있을 시에는 오염물질의 분해율과 통로를 모델링하여 하류 수용지점에서의 오염물질 농도를 예측하는 것이 요구된다. 오염물질 모델링의 첫 번째 목적은 자연작용에 의한 오염물질의 분해가 오염물질의 농도를 규제 기준 이하로 감소할 수 있는지를 입증하는 것이다. 뿐만 아니라 복원 목적에 부합되는 속도로 분해가 진행되고 있는지를 확인하기 위하여 장기적인 모니터링이 수행되어야 한다.

자연저감은 종종 그렇게 인식이 되는 바 있지만 "no action"이 아니다. CERCLA에서는 "no action"의 대안에 대하여 평가를 요구하고 있지만, 자연저감에 대한 평가를 요구하고 있지는 않는다. Superfund 프로그램에서는 자연저감은 case-by-case 기준으로 채택되고 있지만 그 사용에 관한 지침서는 계속 준비 중이다. 예를 들어 DNAPLs의 제거가 기술적으로 실현 불가능한 Superfund 부지에서 혹은 능동적인 복원 수단이 복원기간을 효과적으로 단축할 수 없는 상황에서는 이 기법이 선택된 바 있다. 다른 복원 기법에 비하여 다음과 같은 장점을 가지고 있다.

- 비교적 적은 복원 폐기물(복원 중 파생 혹은 생성되는 폐기물)의 발생
- 부지특성이나 오염제거 목적에 따라 오염부지의 일부 혹은 전부에 적용가능하다.
- 다른 복원 기법과 병행하여 사용할 수 있다.
- 실제적인 복원 기법보다 비용이 낮다.

|그림 5.3.8| 자연저감 기법에 의한 토양오염 복원 기술

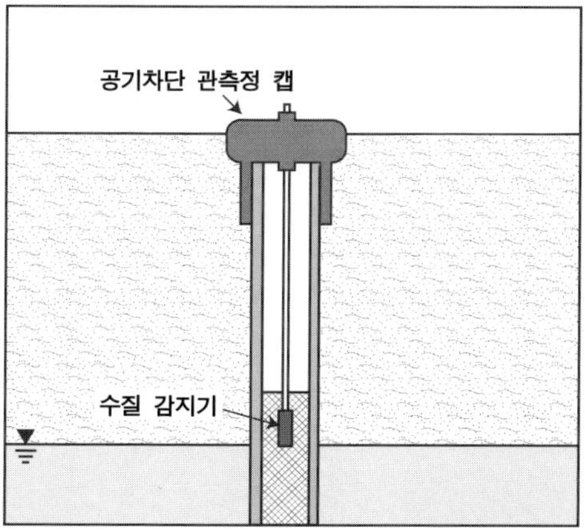

5.3.11.2. 적용 분야

목표 오염물질은 VOC, SVOC, 그리고 연료 탄화수소계 화합물이다. 그중 연료 및 할로겐 VOC는 이 기법의 평가 대상 물질이다. 살충제도 역시 자연적으로 저감될 수 있으나 덜 효과적이거나 특정 화합물에만 적용가능하다. 크롬과 같이 전하의 변화를 일으켜 불활성화를 초래하는 경우에 이 기법이 적용 가능하다.

5.3.11.3. 적용 한계

- 모델링에 필요한 입력 파라미터의 자료가 수집되어야 한다.
- 원래의 오염물질보다 중간 분해산물이 더 많이 이동하거나 독성이 있을 수가 있다.
- 오염부지의 위험성이 급박할 경우 적합하지 않다.
- 오염물질이 분해되기 전에 이동할 가능성이 있다.
- 가스상과 같이 이동이 자유로운 물질(free product)이 존재할 경우 먼저 제거되어야 한다.
- 수은과 같은 무기물질은 분해가 되지 않는다.
- 장기간의 모니터링에 따른 비용
- 능동적인 복원기법에 비해 더 많은 시간이 요구된다.
- 자연저감에 적합한 수리 및 지화학적인 조건이 시간에 따라 바뀌어 오염물질의 이동성을 재생하여 역효과를 가져올 수도 있다.
- 자연저감에 대한 공공의 지지를 얻기 위해서는 더 많은 노력이 요구된다.

• 제5장의 내용은 www.frtr.gov를 참고했음을 밝힙니다.

부 록

|부록 표 1| 원자량표

원자번호	기호	국 명	영 명	원자량	원자번호	기호	국 명	영 명	원자량
1	H	수소	Hydrogen	1.008	27	Co	코발트	Cobalt	58.933
2	He	헬륨	Helium	4.003	28	Ni	니켈	Nickel	58.710
3	Li	리튬	Lthium	6.939	29	Cu	구리	Copper	63.540
4	Be	베릴륨	Berylium	9.012	30	Zn	아연	Zinc	65.370
5	B	붕소	Boron	10.811	31	Ga	갈륨	Gallium	69.720
6	C	탄소	Carbon	12.011	32	Ge	게르마늄	Germanium	72.590
7	N	질소	Nitrogen	14.007	33	As	비소	Arsenic	74.922
8	O	산소	Oxygen	15.999	34	Se	셀렌	Selenium	78.960
9	F	플루오르	Fluorine	18.998	35	Br	브롬	Bromine	79.909
10	Ne	네온	Neon	20.183	36	Kr	크립톤	Krypton	83.800
11	Na	나트륨	Sodium	22.990	37	Rb	루비듐	Rubidium	85.470
12	Mg	마그네슘	Magnesium	24.312	38	Sr	스트론튬	Strontium	87.620
13	Al	알루미늄	Aluminium	26.982	39	Y	이트륨	Yttrium	88.905
14	Si	규소	Silicon	28.086	40	Zr	지르코늄	Zirconium	91.220
15	P	인	Phosphorus	30.974	41	Nb	니오브	Niobium	92.906
16	S	황	Sulfur	32.064	42	Mo	몰리브덴	Molybdenum	95.940
17	Cl	염소	Chlorine	35.453	43	Tc	테크네튬	Technetium	(99)
18	Ar	아르곤	Argon	39.948	44	Ru	루테늄	Ruthenium	101.070
19	K	칼륨	Potassium	39.102	45	Rh	로듐	Rhodium	102.905
20	Ca	칼슘	Calcium	40.080	46	Pd	팔라듐	Paladium	106.447
21	Sc	스칸듐	Scandium	44.956	47	Ag	은	Silver	107.870
22	Ti	티탄	Titanium	47.900	48	Cd	카드뮴	Cadmium	112.400
23	V	바나듐	Vanadium	50.942	49	In	인듐	Imdium	114.820
24	Cr	크롬	Chromium	51.996	50	Sn	주석	Tin	118.690
25	Mn	망간	Manganese	54.938	51	Sb	안티몬	Antimony	121.750
26	Fe	철	Iron	55.874	52	Te	텔루르	Tellurium	127.600

* 괄호 속의 원자량은 가장 안정하고 잘 알려진 동위원소의 질량수

|부록 표 1| 원자량표 (계속)

원자 번호	기호	국 명	영 명	원자량	원자 번호	기호	국 명	영 명	원자량
53	I	요오드	Iodine	126.904	79	Au	금	Gold	196.967
54	Xe	크세논	Xenon	131.300	80	Hg	수은	Mercury	200.59
55	Cs	세슘	Cesium	132.905	81	Tl	탈륨	Thallium	204.37
56	Ba	바륨	Barium	137.340	82	Pb	납	Lead	207.19
57	La	란탄	Lanthanum	138.910	83	Bi	비스무스	Bismuth	208.980
58	Ce	세륨	Cerium	140.120	84	Po	폴로늄	Polonium	(210)
59	Pr	프라세오디뮴	Praseodimium	140.907	85	At	아스타틴	Astatin	(210)
60	Nd	네오디뮴	Neodynium	144.240	86	Rn	라돈	Radon	(222)
61	Pm	프로메튬	Promethium	(147)	87	Fr	프란슘	Francium	(223)
62	Sm	사마륨	Samarium	150.350	88	Ra	라듐	Radium	(226)
63	Eu	유로퓸	Europium	151.960	89	Ac	악티늄	Actinium	(227)
64	Gd	가돌리늄	Gadolinium	157.250	90	Th	토륨	Thorium	232.038
65	Tb	테르븀	Terbium	158.924	91	Pa	프로탁티늄	Protactinium	(231)
66	Dy	디스프로슘	Dysprosium	162.500	92	U	우라늄	Uranium	238.04
67	Ho	홀뮴	Holmium	164.930	93	Np	넵투늄	Neptunium	(237)
68	Er	에르븀	Erbium	167.260	94	Pu	플루토늄	Plutonium	(242)
69	Tm	툴륨	Thulium	168.934	95	Am	아메리슘	Americium	(243)
70	Yb	이테르븀	Ytterbium	173.040	96	Cm	퀴륨	Curium	(247)
71	Lu	루테튬	Lutetium	174.970	97	Bk	버크륨	Berkelium	(247)
72	Hf	하프늄	Hafnium	178.490	98	Cf	칼리포늄	Californium	(251)
73	Ta	탄탈	Tantalum	180.948	99	Es	아인시타이늄	Einsteinium	(254)
74	W	텅스텐	Tungsten	183.850	100	Fn	페르뮴	Fermium	(253)
75	Re	레늄	Rhenium	186.200	101	Md	멘델레퓸	Mendelefium	(256)
76	Os	오스뮴	Osmium	190.200	102	No	노벨륨	Nobelium	(254)
77	Ir	이리듐	Iridium	192.200	103	Lr	로렌슘	Lowrencium	(257)
78	Pt	백금	Platinum	195.090					

* 괄호 속의 원자량은 가장 안정하고 잘 알려진 동위원소의 질량수

|부록 표 2| 용존산소

1. 물속의 용존산소농도 (온도와 염도의 함수로 표시)

(대기압 = 760 mmHg)

온도 ℃	용존산소농도, mg/L									
	염도, ‰									
	0	5	10	15	20	25	30	35	40	45
0	14.60	14.11	13.64	13.18	12.74	12.31	11.90	11.50	11.11	10.74
1	14.20	13.73	13.27	12.83	12.40	11.98	11.58	11.20	10.83	10.46
2	13.81	13.36	12.91	12.49	12.07	11.67	11.29	10.91	10.55	10.20
3	13.45	13.00	12.58	12.16	11.76	11.38	11.00	10.64	10.29	9.95
4	13.09	12.67	12.25	11.85	11.47	11.09	10.73	10.38	10.04	9.71
5	12.76	12.34	11.94	11.56	11.18	10.82	10.47	10.13	9.80	9.48
6	12.44	12.04	11.65	11.27	10.91	10.56	10.22	9.89	9.57	9.27
7	12.13	11.74	11.37	11.00	10.65	10.31	9.98	9.66	9.35	9.06
8	11.83	11.46	11.09	10.74	10.40	10.07	9.75	9.44	9.14	8.85
9	11.55	11.19	10.83	10.49	10.16	9.84	9.53	9.23	8.94	8.66
10	11.28	10.92	10.58	10.25	9.93	9.62	9.32	9.03	8.75	8.47
11	11.02	10.67	10.34	10.02	9.71	9.41	9.12	8.83	8.56	8.30
12	10.77	10.43	10.11	9.80	9.50	9.21	8.92	8.65	8.38	8.12
13	10.53	10.20	9.89	9.59	9.30	9.01	8.74	8.47	8.21	7.96
14	10.29	9.98	9.68	9.38	9.10	8.82	8.55	8.30	8.04	7.80
15	10.07	9.77	9.47	9.19	8.91	8.64	8.38	8.13	7.88	7.65
16	9.86	9.56	9.28	9.00	8.73	8.47	8.21	7.97	7.73	7.50
17	9.65	9.36	9.09	8.82	8.55	8.30	8.05	7.81	7.58	7.36
18	9.45	9.17	8.90	8.64	8.39	8.14	7.90	7.66	7.44	7.22
19	9.26	8.99	8.73	8.47	8.22	7.98	7.75	7.52	7.30	7.09
20	9.08	8.81	8.56	8.31	8.07	7.83	7.60	7.38	7.17	6.96
21	8.90	8.64	8.39	8.15	7.91	7.69	7.46	7.25	7.04	6.84
22	8.73	8.48	8.23	8.00	7.77	7.54	7.33	7.12	6.91	6.72
23	8.56	8.32	8.08	7.85	7.63	7.41	7.20	6.99	6.79	6.60
24	8.40	8.16	7.93	7.71	7.49	7.28	7.07	6.87	6.68	6.49
25	8.24	8.01	7.79	7.57	7.36	7.15	6.95	6.75	6.56	6.38
26	8.09	7.87	7.65	7.44	7.23	7.03	6.83	6.64	6.46	6.28
27	7.95	7.73	7.51	7.31	7.10	6.91	6.72	6.53	6.35	6.17
28	7.81	7.59	7.38	7.18	6.98	6.79	6.61	6.42	6.25	6.08
29	7.67	7.46	7.26	7.06	6.87	6.68	6.50	6.32	6.15	5.98
30	7.54	7.33	7.14	6.94	6.75	6.57	6.39	6.22	6.05	5.89
31	7.41	7.21	7.02	6.83	6.65	6.47	6.29	6.12	5.96	5.80
32	7.29	7.09	6.90	6.72	6.54	6.36	6.19	6.03	5.87	5.71
33	7.17	6.98	6.79	6.61	6.44	6.26	6.10	5.94	5.78	5.63
34	7.05	6.86	6.68	6.51	6.33	6.17	6.01	5.85	5.69	5.54
35	6.93	6.75	6.58	6.40	6.24	6.07	5.92	5.76	5.61	5.46
36	6.82	6.65	6.47	6.31	6.14	5.98	5.83	5.68	5.53	5.39
37	6.72	6.54	6.37	6.21	6.05	5.89	5.74	5.59	5.45	5.31
38	6.61	6.44	6.28	6.12	5.96	5.81	5.66	5.51	5.37	5.24
39	6.51	6.34	6.18	6.03	5.87	5.72	5.58	5.44	5.30	5.16
40	6.41	6.25	6.09	5.94	5.79	5.64	5.50	5.36	5.22	5.09

2. 물속의 용존산소농도 (온도와 대기압의 함수로 표시)

(염도 = 0‰)

온도, C	용존산소농도 , mg/L									
	대기압, 수은주의 높이 mm									
	735	740	745	750	755	760	765	770	775	780
0	14.12	14.22	14.31	14.41	14.51	14.60	14.70	14.80	14.89	14.99
1	13.73	13.82	13.92	14.01	14.10	14.20	14.29	14.39	14.48	14.59
2	13.36	13.45	13.54	13.63	13.72	13.81	13.90	14.00	14.09	14.18
3	13.00	13.09	13.18	13.27	13.36	13.45	13.53	13.62	13.71	13.80
4	12.66	12.75	12.83	12.92	13.01	13.09	13.18	13.27	13.35	13.44
5	12.33	12.42	12.50	12.59	12.67	12.76	12.84	12.93	13.01	13.10
6	12.02	12.11	12.19	12.27	12.35	12.44	12.52	12.60	12.68	12.77
7	11.72	11.80	11.89	11.97	12.05	12.13	12.21	12.29	12.37	12.45
8	11.44	11.52	11.60	11.67	11.75	11.83	11.91	11.99	12.07	12.15
9	11.16	11.24	11.32	11.40	11.47	11.55	11.63	11.70	11.78	11.86
10	10.90	10.98	11.05	11.13	11.20	11.28	11.35	11.43	11.50	11.58
11	10.65	10.72	10.80	10.87	10.94	11.02	11.09	11.16	11.24	11.31
12	10.41	10.48	10.55	10.62	10.67	10.77	10.84	10.91	10.98	11.05
13	10.17	10.24	10.31	10.38	10.46	10.53	10.60	10.67	10.74	10.81
14	9.95	10.02	10.09	10.16	10.23	10.29	10.36	10.43	10.50	10.57
15	9.73	9.80	9.87	9.94	10.00	10.07	10.14	10.21	10.27	10.34
16	9.53	9.59	9.66	9.73	9.79	9.86	9.92	9.99	10.06	10.12
17	9.33	9.39	9.46	9.52	9.59	9.65	9.72	9.78	9.85	9.91
18	9.14	9.20	9.26	9.33	9.39	9.45	9.52	9.58	9.64	9.71
19	8.95	9.01	9.07	9.14	9.20	9.26	9.32	9.39	9.45	9.51
20	8.77	8.83	8.89	8.95	9.02	9.08	9.14	9.20	9.26	9.32
21	8.60	8.66	8.72	8.78	8.84	8.90	8.96	9.02	9.08	9.14
22	8.43	8.49	8.55	8.61	8.67	8.73	8.79	8.84	8.90	8.96
23	8.27	8.33	8.39	8.44	8.50	8.56	8.62	8.68	8.73	8.79
24	8.11	8.17	8.23	8.29	8.34	8.40	8.46	8.51	8.57	8.63
25	7.96	8.02	8.08	8.13	8.19	8.24	8.30	8.36	8.41	8.47
26	7.82	7.87	7.93	7.98	8.04	8.09	8.15	8.20	8.26	8.31
27	7.68	7.73	7.79	7.84	7.89	7.95	8.00	8.06	8.11	8.17
28	7.54	7.59	7.65	7.70	7.75	7.81	7.86	7.91	7.97	8.02
29	7.41	7.46	7.51	7.57	7.62	7.67	7.72	7.78	7.83	7.88
30	7.28	7.33	7.38	7.44	7.49	7.54	7.59	7.64	7.69	7.75
31	7.16	7.21	7.26	7.31	7.36	7.41	7.46	7.51	7.46	7.62
32	7.04	7.09	7.14	7.19	7.24	7.29	7.34	7.39	7.44	7.49
33	6.92	6.97	7.02	7.07	7.12	7.17	7.22	7.27	7.31	7.36
34	6.80	6.85	6.90	6.95	7.00	7.05	7.10	7.15	7.20	7.24
35	6.69	6.74	6.79	6.84	6.89	6.93	6.98	7.03	7.08	7.13
36	6.59	6.63	6.68	6.73	6.78	6.82	6.87	6.92	6.97	7.01
37	6.48	6.53	6.57	6.62	6.67	6.72	6.76	6.81	6.86	6.90
38	6.38	6.43	6.47	6.52	6.56	6.61	6.66	6.70	6.75	6.80
39	6.28	6.33	6.37	6.42	6.46	6.51	6.56	6.60	6.65	6.69
40	6.18	6.23	6.27	6.32	6.36	6.41	6.46	6.50	6.55	6.59

|부록 표 3| 단위환산인자

1. 미터제 환산인자 (U.S. 단위를 SI 단위로 환산)

U.S. 단위			SI 단위	
이름	기호	곱할값	기호	이름
가속도				
feet per second squared	ft/s^2	0.3048[a]	m/s^2	meters per second squared
inches per second squared	in/s^2	0.0254[a]	m/s^2	meters per second squared
면적				
acre	acre	0.4047	ha	hectare
acre	acre	4.0469×10^{-3}	km^2	square kilometer
square foot	ft^2	9.2903×10^{-2}	m^2	square meter
square inch	in^2	6.4516a	cm^2	square centimeter
square mile	mi^2	2.59	km^2	square kilometer
square yard	yd^2	0.8361	m^2	square meter
에너지				
British thermal unit	Btu	1.0551	kJ	kilojoule
foot-pound(force)	ft · lbf	1.3558	J	joule
horsepower-hour	hp · h	2.6845	MJ	megajoule
kilowatt-hour	kW · h	3600a	kJ	kilojoule
kilowatt-hour	kW · h	3.600×10^{6}[a]	J	joule
watt-hour	W · h	3.600[a]	kJ	kilojoule
watt-second	W · s	1.000[a]	J	joule
힘				
pound force	lbf	4.4482	N	newton
유량				
cubic feet per second	ft^3/s	2.8317×10^{-2}	m^3/s	cubic meters per second
gallons per day	gal/d	4.3813×10^{-5}	L/s	liters per second
gallons per day	gal/d	3.7854×10^{-3}	m^3/d	cubic meters per day
gallons per minute	gal/min	6.3090×10^{-5}	m^3/s	cubic meters per second
gallons per minute	gal/min	6.3090×10^{-5}	L/s	liters per second
million gallons per day	Mgal/d	43.8126	L/s	liters per second
million gallons per day	Mgal/d	3.7854×10^{3}	m^3/d	cubic meters per day
million gallons per day	Mgal/d	4.3813×10^{-2}	m^3/s	cubic meters per second
길이				
foot	ft	0.3048[a]	m	meter
inch	in	2.54[a]	cm	centimeter
inch	in	0.0254[a]	m	meter
inch	in	25.4[a]	mm	millimeter
mile	mi	1.6093	km	kilometer
yard	yd	0.9144[a]	m	meter

1. 미터제 환산인자 (U.S. 단위를 SI 단위로 환산) (계속)

U.S. 단위			SI 단위	
이름	기호	곱할값	기호	이름
질량				
ounce	oz	28.3495	g	gram
pound	lb	4.5359×10^{2}	g	gram
pound	lb	0.4536	kg	kilometer
ton(short : 2000lb)	ton	0.9072	Mg (metric ton)	megagram(10^{3} kilogram)
ton(long : 2240lb)	ton	1.016	Mg (metric ton)	megagram(10^{3} kilogram)
동력				
British thermal units per second	Btu/s	1.0551	kW	kilowatt
foot-pounds(force)per second	ft · lbf/s	1.3558	W	watt
horsepower	hp	0.7457	kW	kilowatt
압력(힘 / 넓이)				
atmosphere(standard)	atm	1.0133×10^{2}	kPa(kN/m^2)	kilopascal(kilonewtons per square meter)
inches of mercury(60°F)	in Hg(60°F)	3.3768×10^{3}	Pa(N/m^2)	pascal(newtons per square meter)
inches of water(60°F)	in H20(60°F)	2.4884×10^{2}	Pa(N/m^2)	pascal(newtons per square meter)
pounds(force)per square foot	lbf/ft^2	47.8803	Pa(N/m^2)	pascal(newtons per square meter)
pounds(force)per square inch	lbf/in^2	6.8948×10^{3}	Pa(N/m^2)	pascal(newtons per square meter)
pounds(force)per square inch	lbf/in^2	6.8948	kPa(kN/m^2)	kilopascal(kilonewtons per square meter)
온도				
degrees Fahrenheit	°F	0.555(°F-32)	℃	degrees Celsius(centigrade)
degrees Fahrenheit	°F	0.555(°F+459.67)	°K	degrees Kelvin
속도				
feet per second	ft/s	0.3048[a]	m/s	meter per second
miles per hour	mi/h	4.4704×10^{-1}[a]	m/s	kilometers per second
부피				
acre-foot	acre-ft	1.2335×10^{3}	m^3	cubic meter
cubic foot	ft^3	28.3168	L	liter
cubic foot	ft^3	2.8317×10^{-2}	m^3	cubic meter
cubic inch	in^3	16.3871	cm^3	cubic centimeter
cubic yard	yd^3	0.7646	m^3	cubic meter
gallon	gal	3.7854×10^{-3}	m^3	cubic meter
gallon	gal	3.7854	L	liter
ounce(U.S. fluid)	oz (U.S.fluid)	2.9573×10^{-2}	L	liter

2. 미터제 환산인자 (SI 단위를 U.S. 단위로 환산)

SI 단위			U.S. 단위	
이름	기호	곱할값	기호	이름
		가속도		
meters per second squared	m/s^2	3.2808	ft/s^2	feet per second squared
meters per second squared	m/s^2	39.3701	in/s^2	inches per second squared
		면적		
hectare(10,000m^2)	ha	2.4711	acre	acre
square centimeter	cm^2	0.155	in^2	square inch
square kilometer	km^2	0.3861	mi^2	square mile
square kilometer	km^2	247.1054	acre	acre
square meter	m^2	10.7639	ft^2	square foot
square meter	mv	1.196	yd^2	square yard
		에너지		
kilojoule	kJ	0.9478	Btu	British thermal unit
joule	J	2.7778×10^{-7}	kW · h	kilowatt-hour
joule	J	0.7376	ft · lbf	foot-pound(force)
joule	J	1	W · s	watt-second
joule	J	0.2388	cal	calorie
kilojoule	kJ	2.7778×10^{-4}	kW · h	kilowatt-hour
kilojoule	kJ	0.2778	W · h	watt-hour
megajoule	MJ	0.3725	hp · h	horsepower-hour
		힘		
newton	N	0.2248	lbf	pound force
		유량		
cubic meters per day	m^3/d	264.172	gal/d	gallons per day
cubic meters per day	m^3/d	2.6417×10^{-4}	Mgal/d	million gallons per day
cubic meters per second	m^3/s	35.3147	ft^3/s	cubic feet per second
cubic meters per second	m^3/s	22.8245	Mgal/d	million gallons per day
cubic meters per second	m^3/s	15,850.30	gal/min	gallons per minute
liters per second	L/s	22,824.50	gal/d	gallons per day
liters per second	L/s	0.0228	Mgal/d	million gallons per day
liters per second	L/s	15.8508	gal/min	gallons per minute
		길이		
centimeter	cm	0.3937	in	inch
kilometer	km	0.6214	mi	mile
meter	m	39.3701	in	inch
meter	m	3.2808	ft	foot
meter	m	1.0936	yd	yard
millimeter	mm	0.03937	in	inch

2. 미터제 환산인자 (SI 단위를 U.S. 단위로 환산) (계속)

SI 단위			U.S. 단위	
이름	기호	곱할값	기호	이름
질량				
gram	g	0.0353	oz	ounce
gram	g	0.0022	lb	pound
kilogram	kg	2.2046	lb	pound
megagram(10^3kg)	Mg	1.1023	ton	ton(short:2000lb)
megagram(10^3kg)	Mg	0.9842	ton	ton(long:2240lb)
동력				
kilowatt	kW	0.9478	Btu/s	British thermal units per second
kilowatt	kW	1.341	hp	horsepower
watt	W	0.7376	ft · lb_f/s	foot-pounds(force) per second
압력(힘 / 넓이)				
pascal (newtons per square meter)	Pa(N/m^2)	1.4504×10^{-4}	lbf/in^2	pounds(force)per square inch
pascal (newtons per square meter)	Pa(N/m^2)	2.0885×10^{-2}	lbf/ft^2	pounds(force)per square foot
pascal (newtons per square meter)	Pa(N/m^2)	2.9613×10^{-4}	in Hg	inches of mercury (60°F)
pascal (newtons per square meter)	Pa(N/m^2)	4.0187×10^{-3}	in H_20	inches of water (60°F)
kilopascal (kilonewtons per square meter)	Pa(N/m^2)	0.145	lbf/in^2	pounds(force)per square inch
kilopascal (kilonewtons per square meter)	kPa (kN/m^2)	0.0099	atm	atmosphere(standard)
온도				
degrees Celsius(centigrade)	℃	1.8(℃)+32	°F	degrees Fahrenheit
degrees Kelvin	°K	1.8(°K) -459.67	°F	degrees Fahrenheit
속도				
kilometers per second	km/s	2.2369	mi/h	miles per hour
meters per second	m/s	3.2808	ft/s	feet per second
부피				
cubic centimeter	cm^3	0.0610	in^3	cubic inch
cubic meter	m^3	35.3147	ft^3	cubic foot
cubic meter	m^3	1.3079	yd^3	cubic yard
cubic meter	m^3	264.1720	gal	gallon
cubic meter	m^3	8.1071×10^{-4}	acre · ft	acre · foot
liter	L	0.2642	gal	gallon
liter	L	0.0353	ft^3	cubic foot
liter	L	33.8150	oz	ounce(U.S. fluid)

|부록 표 3| 오염물질의 배출허용 기준표

1. 생물화학적산소요구량 · 화학적산소요구량 · 부유물질량

지역구분	1일 폐수배출량 2,000㎥ 이상			1일 폐수배출량 2,000㎥ 미만		
	BOD (㎎/ℓ)	COD (㎎/ℓ)	SS (㎎/ℓ)	BOD (㎎/ℓ)	COD (㎎/ℓ)	SS (㎎/ℓ)
청정지역	30	40	30	40	50	40
가지역	60	70	60	80	90	80
나지역	80	90	80	120	130	120
특례지역	30	40	30	30	40	30

▶ BOD : 생물화학적산소요구량, COD : 화학적산소요구량, SS : 부유물질량

- 청정지역 : 환경기준(수질) Ⅰ등급정도의 수질을 보전하여야 한다고 인정하는 수역의 수질에 영향을 미치는 지역으로서 환경부장관이 정하여 고시하는 지역
- 가지역 : 환경기준(수질) Ⅱ등급정도의 수질을 보전해야 한다고 인정하는 수역의 수질에 영향을 미치는 지역으로서 환경부장관이 정하여 고시하는 지역
- 나지역 : 환경기준(수질) Ⅲ, Ⅳ, Ⅴ등급 정도의 수질을 보전해야 한다고 인정하는 수역의 수질에 영향을 미치는 지역으로서 환경부장관이 정하여 고시하는 지역
- 특례지역 : 환경부장관이 공단폐수 종말처리구역으로 지정하는 지역 및 시장 · 군수가 산업입지 및 개발에 관한 법률 제 8조의 규정에 의하여 지정하는 농공단지

(수질환경보전법 시행규칙 제8조 관련)

비고 :

1. 자연공원법 제2조제1호의 규정에 의한 자연공원의 공원구역 및 수도법 제5조의 규정에 의하여 지정 · 공고된 상수원보호구역은 청정지역으로 본다.
2. 정상가동중인 하수종말처리시설에 배수설비를 연결하여 처리하고 있는 배출시설에 대한 배출허용기준은 나지역의 기준을 적용한다.

3. 하수처리구역에서 하수도법 제24조의2의 규정에 의하여 공공하수도 관리청의 허가를 받아 폐수를 공공하수도에 유입시키지 아니하고 공공 수역으로 배출하는 배출시설 및 하수도법 제24조제1항의 규정을 위반 하여 배수설비를 설치하지 아니하고 폐수를 공공수역으로 배출하는 사업장에 대한 배출허용기준은 하수종말처리시설의 방류수수질기준을 적용한다.

2. 페놀류 등 오염물질

지역구분	pH	노말핵산추출물질 광유류 (㎎/ℓ)	노말핵산추출물질 동식물유지류 (㎎/ℓ)	페놀류 (㎎/ℓ)	시안 (㎎/ℓ)	크롬 (㎎/ℓ)	철 (㎎/ℓ)	아연 (㎎/ℓ)	구리 (㎎/ℓ)
청정	5.8 ~ 8.6	1	5	0.2	0.2	2	5	1	0.5
가		5	30	1	2	10	5	5	5
나		5	30	1	2	10	5	5	5
특례		5	30	1	2	5	10	5	5

지역구분	카드뮴 (㎎/ℓ)	수은 (㎎/ℓ)	유기인 (㎎/ℓ)	비소 (㎎/ℓ)	납 (㎎/ℓ)	망간 (㎎/ℓ)	6가크롬 (㎎/ℓ)	불소 (㎎/ℓ)
청정	0.02	불검출	0.2	0.1	0.2	2	0.1	3
가	0.1	0.005	1	0.5	1	10	0.5	15
나	0.1	0.005	1	0.5	1	10	0.5	15
특례	0.1	0.005	1	0.5	1	10	0.5	15

지역구분	대장균군수 (개/ℓ)	색도 (도)	온도 (℃)	총질소 (㎎/ℓ)	총인 (㎎/ℓ)	PCB (㎎/ℓ)	TCE (㎎/ℓ)	PCE (㎎/ℓ)	음이온계면활성제 (㎎/ℓ)
청정	100	200	40	30	4	불검출	0.06	0.2	0.1
가	3,000	300	40	60	8	0.003	0.3	0.1	5
나	3,000	400	40	60	8	0.003	0.3	0.1	5
특례	3,000	5\400	40	60	8	0.003	0.3	0.1	5

비고 :

1. 자연공원법 제2조제1호의 규정에 의한 자연공원의 공원구역 및 수도법 제5조의 규정에 의하여 지정 · 공고된 상수원보호구역은 청정지역으로 본다.
2. 노말핵산추출물질함유량란의 광유류와 동식물유지류는 두 항목을 동시에 배출할 경우에는 광유란에 규정된 기준을 적용한다.
3. 정상가동중인 하수종말처리시설에 배수설비를 연결하여 처리하고 있는 배출시설에 대한 배출허용기준은 당해 하수종말처리시설에서 처리하는 오염물질의 항목에 한하여 나지역의 기준을 적용한다.
4. 색도항목의 배출허용기준은 별표 3 제2호 18의 섬유염색 및 가공시설, 19의 기타섬유제품 제조시설 및 23의 펄프 · 종이(색소첨가 제품에 한한 다) 제조시설에 한하여 적용한다.
5. 삭제 〈2000 · 10 · 23〉 〈〈시행일 2003 · 1 · 1〉〉
6. 청정, 가, 나, 특례지역의 구분은 제1호의 지역구분과 같다

|부록 표 4| 먹는물 수질기준

(단위 : mg/ l)

구 분	항 목	기 준 치	항 목	기 준 치
미 생 물 (8종)	일반세균	100CFU/ml	살모넬라	250ml중 불검출
	대장균군	50ml중 불검출	쉬겔라	250ml중 불검출
	분원성연쇄상구균	250ml중 불검출	아황산환원혐기성포자형성균	50ml중 불검출
	녹농균	250ml중 불검출	여시니아균	2 l 중 불검출
건강상 유해영향 무기물질 (11종)	납	0.05 이하	6가크롬	0.05 이하
	불소	1.5 이하	암모니아성 질소	0.5 이하
	비소	0.05 이하	질산성 질소	10 이하
	세레늄	0.01 이하	카드뮴	0.01 이하
	수은	0.001 이하	보론	0.3 이하
	시안	0.01 이하		
건강상 유해영향 유기물질 (18종)	페놀	0.005 이하	테트라클로로 에틸렌	0.01 이하
	총 트리할로메탄	0.1 이하	트리클로로에틸렌	0.03 이하
	클로로포름	0.1 이하	디클로로메탄	0.02 이하
	다이아지논	0.02 이하	벤젠	0.01 이하
	파라티온	0.06 이하	톨루엔	0.7 이하
	말라티온	0.25 이하	에틸벤젠	0.3 이하
	페니트로티온	0.04 이하	크실렌	0.5 이하
	카바릴	0.07 이하	1,1-디클로로에틸렌	0.03 이하
	1,1,1-트리클로로 에탄	0.1 이하	사염화탄소	0.002 이하
심미적 영향물질 (16종)	경도	300 이하	아연	1 이하
	과망간산칼륨	10 이하	염소이온	250 이하
	냄새	무 취	증발잔류물	500 이하
	맛	무 미	철	0.3 이하
	동	1 이하	망간	0.3 이하
	색도	5도 이하	탁도	1도 이하
	세제	0.5 이하	황산이온	200 이하
	수소이온농도	5.8~8.6	알루미늄	0.2 이하

1. 토양오염물질

토양에서 분해되지 않고 장시간 잔류하는 물질로 농작물의 생육을 저해하거나 지하수를 오염시키는 등의 작용으로 사람의 건강에 좋지 않은 영향을 미치는 카드뮴, 구리, 비소, 납, 6가크롬, 유기인, 시안화합물, 폴리클로리네이티드비페닐(PCB), 페놀, 유류(동·식물제외)등 11항목과 토양오염의 방지를 위하여 특별히 관리할 필요가 있다고 인정되어 환경부장관이 정하는 물질을 토양오염물질로 규정하여 관리한다.

2. 토양오염 기준

오염의 정도가 사람의 건강과 동·식물의 생육에 지장을 초래할 우려가 있어 토지의 이용중지, 시설의 설치금지 등 규제조치가 필요한 정도의 오염상태를 토양오염대책 기준으로 설정하고, 대책기준의 약 40% 정도로 더 이상 오염이 심화되는 것을 예방하기 위한 오염수준을 토양오염 우려기준으로 구분하여 설정하였다.

- 토양오염우려기준

토양오염물질인 11개 항목에 대하여 농경지, 공장, 산업지역으로 토양의 용도에 따라 구분하여 기준을 설정하였으며, 이 기준을 초과하면 오염물질의 제거, 방지시설의 설치 오염물질의 사용제한 등 시정명령의 대상이 된다.

- 토양오염대책기준

토양오염물질 중에서 유기인 화합물을 제외한 10항목으로 하고 대상지역은 토양의 용도에 따라 구분하여 기준을 설정하였으며 이 기준을 초과하면 토양보전대책지역 지정의 요인이 된다.

토양오염 우려 및 대책기준

(단위 : mg/kg)

오 염 물 질	토양오염 우려기준		토양오염 대책기준	
	가지역	나지역	가지역	나지역
카 드 뮴	1.5	12	4	30
구 리	50	200	125	500
비 소	6	20	15	50
수 은	4	16	10	40
납	100	400	300	1,000
6가크롬	4	12	10	30
유기인화합물	10	30	–	–
폴리클로리네이티드비페닐	-	12	–	30
시 안	2	120	5	300
페 놀	4	20	10	50
유류(동 · 식물성 제외)				
— 벤젠 · 톨루엔 · 에틸벤젠 · 크실렌(BTEX)	–	80	–	200
— 석유계총탄화수소(TPH)	–	2,000	–	5,000

비고 :

1. 가지역 : 지적법 제5조제1항의 규정에 의한 전답 · 과수원 · 목장용지 · 임야 · 학교용지 · 하천 · 수도용지 · 공원 · 체육용지(수목 · 잔디 식생지에 한한다) · 유원지 · 종교용지 및 사적지
2. 나지역 : 지적법 제5조제1항의 규정에 의한 공장용지 · 도로 · 철도용지 및 잡종지
3. 다음 각목의 1에 해당하는 경우에는 지목 구분에 관계없이 나지역의 토양오염우려기준 · 토양오염우려대책기준을 적용한다.
   - 가. 토양오염유발시설이 설치된 경우
   - 나. 가지역에서 폴리클로리네이티드비페닐 또는 유류에 의한 토양오염사고가 발생한 경우
   - 다. 가지역을 제외한 지역에서 토양오염사고가 발생한 경우

출처 : 토양환경보전법(1999)

참고문헌

[1] Aiba, S., Shoda, M. and Nagatani, M. 1968. Kinetics of product inhibition in alcohol fermentation. *Biotechnology and Bioengineering*. 10:845-856.

[2] Alexander, M. 1985. Biodegradation of organic chemicals. *Environmental Science and Technology*. 19:106-111.

[3] Alexander, M. 1994. *Biodegradation and Bioremediation*. Academic Press, San Diego, CA.

[4] Andrews, J.F. 1968. A mathematical model for the continuous culture of microorganisms utilizing inhibitory substrates. *Biotechnology and Bioengineering*. 10:707-723.

[5] Baek, D.S., Kim, S.B., and Kim, D.J. 2003. Irreversible sorption of benzene in sandy aquifer materials. *Hydrological Processes*. 17:1239-1251.

[6] Bear, J. 1972. *Dynamics of Fluids in Porous Media*. American Elsevier, New York.

[7] Bengtsson, S.G.L. 1981. Microcosm for ground water research. *Presentation at the First International Conference on Ground Water Quality Research*. October 7-10, Rice University, Houston, TX.

[8] Borden, R.C. and Bedient, P.B. 1986. Transport of dissolved hydrocarbons influenced by oxygen-limited biodegradation: 1. Theoretical Development. *Water Resources Research*. 13:1973-1982.

[9] Brenner, H. 1962. The diffusion model of longitudinal mixing in beds of finite length. Numerical values. *Chemical Engineering Science*. 17:229-243.

[10] Broadbent, F.E. 1965. *Organic matter*. pp. 1397-1400. In C.A. Black (ed.). Methods of soil analysis. Agron. Monogr. 9. ASA. CSSA, and SSSA, Agron., Madison, WI.

[11] Brock, T.D., Smith, D.W. and Madigan, M.T. 1984. *Biology of microorganisms*. 4th ed. Prentice Hall, Englewood Cliffs, NJ.

[12] Choi, J.W., Kim, S.B. and Kim, D.J. 2007a. Desorption kinetics of benzene in a sandy soil in the presence of powdered activated carbon. *Environmental Monitoring and Assessment*. 125:313-323.

[13] Choi, N.C., Kim, S.B. and Kim, D.J. 2007b. Quantification of bacterial mass recovery as a function of pore-water velocity and ionic strength. *Research in Microbiology*. 158:70-78.

[14] Cleary, R.W. and Adrian, D.D. 1973. Analytical solution of the convective dispersive equation for cation adsorption insoils. *Soil Science Society of America Journal*. 37:197-199.

[15] Dalton, F.N. and van Genuchten, M.Th. 1986. The time-domain reflectometry method for measuring soil water content and salinity. *Geoderma*. 237-250.

[16] Di Toro, D.M. and Horzempa, L.M. 1982. Reversible and resistant components of PCB adsorption-desorption: Isotherms. *Environmental Science and Technology*. 16:594-602.

[17] Dunlap, W.J., Cosby, R.L., McNabb, J.F., Bledsoe, B.E. and Scalf, M.R. 1972. Probable impact of NTA on ground water. *Ground Water*. 10:107-117.

[18] Edwards, V.H. 1970. The influence of high substrate concentration on microbial kinetics. *Biotechnology and Bioengineering*. 12:679-712.

[19] Eve, R. 1998. *Remediation of petroleum contaminated soils*. Lewis Publishers. 542p.

[20] Fetter, C.W. 1993. *Contaminant Hydrogeology*. Macmillan: New York.

[21] Fellner-Feldegg, H. 1969. The measurement of dielectrics in the time - domain. *Journal of Physical Chemistry*. 73:616-623.

[22] Freeze, R.A. and Cherry, J.A. 1979. *Groundwater*. Prentice Hall, Englewood Cliffs, NJ.

[23] Haldane, J.S.B. 1930. *Enzymes, longmans, green, UK*. Republished by MIT Press, Cambridge, MA.

[24] Hasted, J.B. 1973. *Aqueous dielecterics*. Chapman and Hall, London.

[25] Heimovaara, T.J. 1993. Design of triple-wire time-domain reflectometry probes

in practice and theory. *Soil Science Society of America Journal*. 57:1410-1417.

[26] Heimovaara, T.J. 1995. *Time domain reflectometry in soil science: Theoretical backgrounds, measurements and models*. PhD thesis, Univ. of Amsterdam, p. 169.

[27] Henry, D.F. 1990. *Fundamentals of soil science. 8th ed.* John Wiley & Sons. 360p.

[28] Jacques, D., Kim, D.J., Diels, J., Vanderborght, H., Vereecken, H. and Feyen, J. 1998. Analysis of steady state chloride transport through two heterogeneous field soils. *Water Resources Research*. 34:2539-2550.

[29] Karickoff, S.W. and Morris, K.W. 1985. Impact of tubificid oligochaetes on pollutant transport in bottom sediments. *Environmental Toxicology and Chemistry*. 9:1107-1115.

[30] Kim, D.J. 1996. Application of an automated time domain reflectometry to solute transport study at field scale: Experimental methodology and calibration of TDR. *Economic and Environmental Geology*. 29:699-712.

[31] Kim, D.J., Choi, N.C. and Kim, S.B. 2004a. Quantification of irreversible benzene sorption in sandy materials. *Hydrological Processes*. 18:3229-3234.

[32] Kim, D.J., Choi, J.W., Choi, N.C. and Mahendran, B. 2005a. Modeling of growth kinetics for *Pseudomonas* spp during benzene degradation. *Applied Microbiology and Biotechnology*. 69:456-462.

[33] Kim, D.J., Choi, S.I., Ryszard, O., Feyen, J. and Kim, H.S. 2000. Determination of moisture content in a deformable soil using time-domain reflectometry (TDR). *European Journal of Soil Science*. 51:119-127.

[34] Kim, D.J., Vanclooster, M., Feyen, J. and Vereecken, H. 1998. Simple linear model for calibration of time-domain reflectometry measurements on solute concentration. *Soil Science Society of America Journal*. 62:83-89.

[35] Kim, S.B., Ha, H.C. Choi, N.C. and Kim, D.J. 2006. Influence of flow rate and organic carbon content on benzene transport in a sandy soil. *Hydrological Processes*. 20:4307-4316.

[36] Kim, S.B., Hwang, I., Kim, D.J., Lee, S.J. and Jury, W.A. 2003a. Effect of sorption on benzene biodegradation in sandy soil. *Environmental Toxicology*

and Chemistry. 22:303-308.

[37] Kim, S.B., Jo, K.H., Kim, D.J. and Jury, W.A. 2004b. Determination of two-dimensional laboratory-scale dispersivities. *Hydrological Processes*. 18:2475-2483.

[38] Kim, S.B., Kim, D.J. and Yun, S.T. 2005b. Attenuation of aqueous benzene in soils under saturated flow conditions. *Environmental Technology*. 27:33-40.

[39] Kim, S.B., On, H.S., Kim, D.J., Jury, W.A. and Zhi, W. 2007. Determination of bromacil transport as a function of water and carbon content in soils. *Journal of Environmental Science and Health Part B*. in press.

[40] Kim, S.B., Park, C.H., Kim, D.J. and Jury, W.A. 2003b. Kinetics of benzene biodegradation by *Pseudomonas aeruginosa*: Parameter estimation. *Environmental Toxicology and Chemistry*. 22:1038-1045.

[41] Lapidus, L. and Amundson, N.R. 1952. Mathematics of adsorption in beds. VI. The effect of longitudinal diffusion in ion exchange and chromatographic columns. *Journal of Physical Chemistry*. 56:984-988.

[42] Lindstrom, F.T. 1976. Pulsed dispersion of trace chemical concentrations in a water saturated sorbing porous medium. *Water Resources Research*. 12:229-238.

[43] Linz, D.G. and Nakles, D.V. 1997. *Environmentally acceptable endpoints in soil: Risk based approach to contaminated site management based on availability of chemicals in soil*. American academy of environmental engineers, New York, NY.

[44] Li, Q. and Logan, B.E. 1999. Enhancing bacterial transport for bioaugmentation of aquifers using low ionic strength solutions and surfactants. *Water Research*. 33:1090-1100.

[45] Mallants, D., Vanclooster, M., Meddahi, M. and Feyen, J. 1994. Estimating solute transport in undisturbed soil columns using time domain reflectometry. *Journal of Contaminant Hydrology*. 17:91-109.

[46] McCarty, P.L., Reinhard, M. and Rittmann, B.E. 1981. Trace organics in groundwater. *Environmental Science and Technology*. 15:40-51.

[47] Miller, G.T. 1998. *Living in the environment*. 10th ed. Wadsworth Publishing

Company.

[48] Mualem, Y. 1976. A new model for predicting the hysraulic conductivity of unsaturated porous media. *Water Resources Research*. 12:513-522.

[49] Ogata, A. 1970. *Theory of dispersion in a granular medium*. U.S. Geological Survey Professional Paper, Vol 411-1.

[50] Opdyke, D.R. and Loehr, R.C. 1999. Determination of chemical release rates from soils: Experimental design. *Environmental Science and Technology*. 33:1193-1199.

[51] Pavslostathis, S.G. and Mathavan, G.N. 1992. Desorption kinetics of selected volatile organic compounds from field contaminated soils. *Envrionmental Science and Technology*. 26:528-532.

[52] Pignatello, J.J. and Xing, B. 1996. Mechanisms of slow sorption of organic chemicals to natural particles. *Environmental Science and Technology*. 30.1-11.

[53] Piwoni, M.D. and Keeley, J.W. 1990. *Basic concepts of contaminant sorption at hazardous waste sites*. EPA.

[54] Pritchard, P.H. 1992. Use of inoculation in bioremediation. *Current Opinion in Biotechnology*. 3:232-243.

[55] Pritchard, P.H. and Bourquin, A.W. 1984. The use of microcosms for evaluation of interactions between pollutants and microorganisms. *Advances Microbial Ecology*. 7:144-215.

[56] Rittmann, B.E. and Whiteman, R. 1994. Bioaugmentation : a coming of age. *Water Quality International*. 1:12-16.

[57] Stevenson, F.J. 1994. *Humus chemistry: Genesis, composition, reactions*. 2nd ed. John Wiley & Sons, New York.

[58] Topp, G.C., Davis, J.L. and Annan, A.P. 1980. Electromagnetic determination of soil water content: measurements in coaxial transmission lines. *Water Resources Research*. 16:574-582.

[59] Vanclooster, M., Mallants, D., Diels, J. and Feyen, J. 1993. Determining local-scale solute transport parameters using time-domain reflectometry (TDR). *Journal of Hydrology*. 148:93-107.

[60] van Genuchten, M.Th. 1980. A closed form equation for predicting the

hydraulic conductivity of unsaturated soils. *Soil Science Society of America Journal*. 44:892-898.

[61] van Genuchten, M.Th. and Alves, W.J. 1982. *Analytical solutions of the one-dimensional convective-dispersive solute transport equation*. Technical Bulletin No. 1661, U.S. Department of Agriculture, Riverside, California.

[62] van Genuchten, M.Th., Leij, F.J. and Yates, S.R. 1991. *The RETC code for quantifying the hydraulic functions of unsaturated soils*. U.S. Salinity Laboratory, Riverside, California.

[63] van Limbergen, H., Top, E.M. and Verstraete, W. 1998. Bioaugmentation in activated sludge. *Applied Microbiology and Biotechnology*. 50:16-23.

[64] Vogel, T.M. 1996. Bioaugmentation as a soil bioremediation approach. *Current Opinion in Biotechnology*. 7:311-316.

[65] Ward, A.L., Kachanoski, R.G. and Elrick, D.E. 1994. Laboratory measurements of solute transport using time domain reflectometry. *Soil Science Society of America Journal*. 58:1031-1039.

[66] www.frtr.gov

찾아보기

학술연구총서·70

환경오염과 복원기술

초판 발행	2007년 9월 10일
초판 1쇄	2007년 9월 10일
지은이	김 동 주
펴낸곳	**고려대학교출판부** www.kupress.com kupress@korea.ac.kr 136-701 서울특별시 성북구 안암동 02-3290-4230, 4232 Fax 923-6311
찍은곳	한국컴퓨터인쇄정보

ISBN 978-89-7641-626-1 94530
ISBN 978-89-7641-352-9 (세트)

값 12,000원

* 잘못 만들어진 책은 바꿔드립니다.